Fully Human
Steve Biddulph

完整的人

[澳大利亚]
史蒂夫·比达尔夫 著

卫婷婷 译

中信出版集团 | 北京

图书在版编目（CIP）数据

完整的人 /（澳）史蒂夫·比达尔夫著；卫婷婷译 .-- 北京：中信出版社，2023.1
书名原文：Fully Human: A New Way of Using Your Mind
ISBN 978-7-5217-3737-0

I.①完⋯ II.①史⋯ ②卫⋯ III.①心理学—通俗读物 IV.① B84-49

中国版本图书馆 CIP 数据核字（2021）第 229447 号

Copyright © Steve Biddulph 2021
First published 2021 by Bluebird, an imprint of Pan Macmillan, a division of Macmillan Publishers International Limited
Simplified Chinese translation copyright © 2023 by CITIC Press Corporation
All rights reserved.
本书仅限中国大陆地区发行销售

完整的人

著者：　　［澳大利亚］史蒂夫·比达尔夫
译者：　　卫婷婷
出版发行：中信出版集团股份有限公司
　　　　　（北京市朝阳区惠新东街甲 4 号富盛大厦 2 座　邮编　100029）
承印者：　宝蕾元仁浩（天津）印刷有限公司

开本：880mm×1230mm　1/32　　印张：7.5　　字数：168 千字
版次：2023 年 1 月第 1 版　　　　印次：2023 年 1 月第 1 次印刷
京权图字：01-2021-3599　　　　　书号：ISBN 978-7-5217-3737-0
定价：59.80 元

版权所有·侵权必究
如有印刷、装订问题，本公司负责调换。
服务热线：400-600-8099
投稿邮箱：author@citicpub.com

所想少于所知，

所知少于所爱，

所爱远远少于所有存在。

——R. D. 莱恩（R.D. Laing）

头中有脑，

鞋中有脚，

做自己的舵手，去往天涯海角。

——苏斯博士（Dr. Seuss）

CONTENTS 目录

前 言 / *III*

1
超感知 / *1*

2
一个人的四层公寓 / *19*

3
公寓的第一层
——你的身体 / *37*

4
公寓的第二层
——情绪是如何影响你的生活的 / *69*

5
特别章节：
我们都需要治愈的创伤 / *103*

6
公寓的第三层
——运用你的思考脑 / *131*

7
特别章节：
男性的重要一课 / *157*

8
公寓的第四层
——灵性和你想象的不一样 / *171*

9
成为完整的人 / *199*

关于作者，如果你想知道…… / *221*
注释、资料来源和参考文献：
给心理学从业者和爱好者 / *226*

前　言

本书写作的目的在于让读者在自己的思维中自在游走，"点亮"自己心智中几乎从未察觉到的各个层面。当思维的各个部分都被充分唤醒，它们将会以更加协调的方式运转，你将过上更有力量、更完整也更广阔的人生。

基于神经科学的最新发现，本书结合了先进的心理治疗方法，以及我帮助身处逆境的人们疗愈和成长的经验。那些觉得生命应该有更多意义、认为我们可以更好地生活在这个世界上的人，都是本书的目标读者。

本书有两个关键概念。第一个是超感知，即你的身体每分每秒都在向你传送信息。这些信息往往会比你大脑中的意识更迅速、微妙、灵敏地感知当下发生的事。然而，大多数人几乎都忽略了它们。

第二个概念是"四层公寓"，它不难领会，并且可以进行多层级思维探寻。这种方法可以让思维协同运作，而不是任由思维把你搞得混乱分裂。这个概念非常简单，即使是5岁的孩子也可以学会；同时也非常深奥，甚至能够帮助受过严重心理创伤的成年人。在本书中，你可以看到很多故事、经历和挣扎，它们或许与你自己的生活经历有相近之处。你需要做的只是保持好奇心，一直读下去。我在书中加入了一些练习，如果你想加速疗愈的进程，也可以尝试这些练习。在余生的每一天，你都极有可能会用到本书教你的方法。

希望你的人生因此改变，让这些改变像涟漪一样在你的周围扩散开来，为子孙后代创造更好的精神世界。人们对于彼此以及周遭自然世界的爱，正是通过意识到这种永恒存在的联系而产生的。你的思维知道如何运作，你要做的仅仅是将它唤醒。

爱你们。

史蒂夫·比达尔夫

注：在认真读书之前，有些读者可能很想知道关于我的信息。在本书的最后，会有关于我的寥寥几页描述。如果愿意，请翻到书的最后；如果没有兴趣，就直接从这里开始阅读之旅吧。

1
Supersense

超感知

"我们的大脑能够即时加工和评估由人类感官接收的信息,这种反应比我们的思考或推论要迅速得多。这就是人的超感知,它能够综合所有复杂而细微的信息,帮助人类识别值得注意的要点。"

安蒂·卢埃林是一位兼职全科医师，有两个女儿，父母帮着照看孩子。安蒂今天过得很不错，她上午去了市中心，和朋友们吃了午饭，现在正在回家的路上。她在郊区火车站下了车，寒风瑟瑟，于是她加快脚步，走进停车场。她费了好大工夫才从包里找出车钥匙，开了车门，坐进车里。这时，她用余光依稀瞥见远处的一个身影——一个年轻男子正向她的车走来。

她发动了汽车，这时男子已经离她越来越近，而且正对她喊着什么。他衣着得体，相貌不凡，看起来好像需要安蒂的帮助——可能是丢了什么东西或者需要帮忙指路。安蒂一直是个很讲礼节的人，此时这种长久以来养成的品性激发了她的善意：不理会别人显得太过冷漠。她的手甚至已经碰到了按钮，要把车窗摇下来。但是，她的胃部突然一阵抽搐。安蒂一反常态，几乎是惊慌失措地开车驶过，上了公路。从后视镜里，她看到男子站在那儿，一动不动，凝视着她。即使已经回到家，安蒂的心仍怦怦跳个不停。"我这是怎么了？"她想。

回到家后，父母和女儿们的温馨问候瞬时让整个家热闹起来，安蒂也很快就把刚刚发生的事情抛诸脑后，直到她打开电视，看到了当晚的新闻——在郊区火车站附近，也就是她下车的那个车站，有一名男子被警方逮捕。这名男子试图持刀劫持一名年轻女子，但她大声尖叫并奋力反击。万分幸运的是，这时刚好有另外两个女人开车进了停车场，男子落荒而逃。安蒂回想了几秒后，突然感到不寒而栗——差一点，被持刀劫持的就是自己了，而那个可怜的女子……安蒂越想越后怕，在沙发上一边哭一边发抖。这时，安蒂的丈夫走进客厅，看到眼前的景象吓了一跳。

安蒂和丈夫一起报了警。那天晚上，两名警探拿着犯罪嫌疑人的照片来到安蒂家。她很快认出了犯罪嫌疑人就是那个企图靠近她的男子。警探们感谢了安蒂，还说安蒂很聪明，躲过了一劫（他们很谨慎地没有用"逃"这个字）。警探走后，安蒂的心情仍然难以平复。

安蒂是我刚做心理治疗师时接待的一位来访者。在那个寒风瑟瑟的下午，安蒂听从了自己身体里的特殊信号——具体来说，是她的"直觉"，因此得以安全无虞。她完全按照自己所需要的方式做出了反应，而这一反应保护了她的人身安全。这种直觉就是人类千百年来得以存活下来的一种自然反应。

史前的漫长岁月里，危机丛生，人类要想安全生存，就需要非常敏锐的感官。对于鸟类戛然而止的鸣叫，树丛里的轻微抖动，人类首先要做出反应，然后大脑会判断下一步要采取的行动：是藏起来、逃跑、发出警告，还是放松警惕，说一声"欢迎回家"。

我们的大脑非常擅长这一点：能够即时加工和评估由人类感官接收的信息，这种反应比我们的思考或推论要迅速得多。这就是人的超感知，它能够综合所有复杂而细微的信息，帮助人类识别值得注意的要点。我们的大脑每时每刻都在进行着这一套复杂的分析。在神经系统科学对超感知进行合理解释之前，人们称之为"直觉"或"第六感"，但两者都不准确。超感知是人类大脑非常高级的能力，它能够以闪电般的速度整合一切感官信息，并将这些信息与人类过往积累的记忆相结合，判断其是否"似曾相识"。然后，超感知就开始施展它的第三个特异功能——它会让你知道自己应该注意什么。超感知会通过触发强烈的身体反应来提醒你"这件事非常紧急"，这一过程依然比语言迅速很多。而如果你像安蒂一样意识到了这一点，与你的内在产生了连接，你就会接收到这个信息。

通过无数直接或间接的方式，我们得知大脑是人体最聪明的器官。这里所说的大脑指大脑薄薄的橙色外皮（前额叶），它参与人类有意识的言语思维，并处理生活中的一切事务，从"我有没有锁门"到"我该不该看剧"。大脑的前额叶非常敏锐，但是与超感知相比，它只是一个步履蹒跚的幼儿。人类的超感知具有极其强大的能力，而理解超感知则会给人带来欣喜和惊奇,尽管在这本书的开篇就说这句话为时尚早——毕竟还有许多章节等着我们阅读。你已经拥有了这种超感知,在阅读此书的过程中,你将会学到如何将它运用到生活中更高的层面。无论你是孤身一人,还是和家人住在一起,是正在辛勤工作,还是和好友一起环游世界,超感知都会一直伴随着你。不仅仅是为了让你安全生存,更是提醒着你明智地做出各种抉择,并最大限度地提高你的幸福感。人人都拥有这样一个精妙而强大的指导系统,而本书将教你如何使用它。

我们几乎失去了它

人类的内在感觉系统是我们生而为人最核心的部分,是我们大脑运行的内核。令人震惊的是,当今社会的人们几乎忘记了这一系统的存在。童年时期,从未有人鼓励我们去倾听感觉系统,我们甚至没有讨论过这一系统的语言。大多数人对我们内在系统的警告没有清晰的感知——如不安或隐忧,抑或是积极的信号(激励或渴望),我们几乎都忽略了。这绝非小事。如果没有这些信息,我们就可能过着充满大大小小错误的生活。我们可能会和错的人结婚,选择错误的职业,错过孩子发出的重要警告信号,后来发现为时已晚。我们甚至可能误入传销组织!

我们的超感知经过进化,成了思维的基本引导系统,来帮助我们辨别孰是孰非,孰危孰安。如果我们与之失去连接，会导致一系列的事情接连出错。我们将几乎丧失自我感知——不知道自己是谁，想要什么。我们可能会开始在一段关系中迷失自我，发现我们的家庭支离破碎。我们可能会忽略内在隐忧，找不到自身价值，很快便发觉自己生活在谎言之中，如行尸走肉一般。对于自己所做的事情，我们有种无力感，而且感到空虚。上述的情况，有没有一丝熟悉？

如果上述情况与你相符，那么，本书将为你带来希望之光；如果你感到纠结挣扎，那么，这就是你改变的开始。你可以重新唤醒自己的超感知，去认知自己是谁，什么对自己最重要，重新找回生命的完整性，使人生变得更加丰富。

在你的生命中，你一定遇到过一些与众不同的人。与周围的人相比，他们活得更生动、更真实。我们都注意到过这样的人，事实上，我们从一开始就通过超感知感知到了这些人，随着时间的推移，这一点会更加明显。

这类人通常有三个显著的特征：一、举止。他们看起来理性从容，高度专注，他们与你在一起时的状态非常平和。二、态度。面对生命的起起伏伏，他们能够云淡风轻，但是当面对非常重要的事情时，又会非常认真谨慎。他们一直默默保护着身边的人，和他们在一起，你会觉得非常安心。三、他们绝非循规蹈矩之人，他们能与周围的人相处融洽，但并不世故圆滑。他们注重自我，不会轻易被社会舆论影响。

一个"完整的人"在人群中独特而耀眼，他的心灵、头脑和精神都和谐一致。

脑科学发现，这种活力是一种神经状态，即你的心智和能力被充分激活的状态——这对我们每个人来说都是可以实现的。超感知就是人格发展的开始和核心。一旦理解了自己的超感知，你就可以不断向上探索，与身边的一切产生连接。你的心智就像是一座高层公寓，你可以打开所有的房间，享受它们带给你的一切。你会变得更加完整，情感、行动和价值观之间的冲突也将消失。你会感知到自己真实地活着，并体会到生命的完满。

本书会教你以新的方式去关注自身，方法并不复杂——即使是5岁的儿童也可以掌握。这是一系列可以受用终身的工具，从第一天开始，你就会感受到它的力量。

不仅仅是感知危险

超感知的起源深植于人类的史前文明。在早期历史中，人类并没有表现出太强大的力量，他们生活在非洲草原上，敲碎狮子留下的骨头，或者在湖岸边吮吸贝类。

人类有着与豹子和楔尾雕同样敏锐的感官以及高度协调的神经系统，但我们没有利爪和尖牙，也不是特别结实和健壮。人类在食物链上的地位本来应该很低，也就是说，人类本来是要成为食物的，但对人类来说，我们走到食物链顶端的能力起到了重要作用，这种能力是人类一切成就的关键所在。在大多数时候，智人这个物种通过在紧密团结的家庭群体中生活、劳作、互相关爱和保护彼此，得以生存并征服我们所在的世界。

独自一人时，我们力量弱小，但群体力量非常强大，洞熊可能都会感到畏惧，因为如果对一个人动手，就意味着在挑衅整个氏族。

共同劳作需要大量的协调和社交技巧。因此，在人类产生语言之前，我们不得不练习读懂彼此的技能，以避免冲突，缓解恐惧或紧张的气氛。与其他生物相比，我们可以利用面部表情表达更丰富的情绪。这可以帮助我们判断彼此的情绪，既可以最大限度地避免危险冲突的爆发，也可以建立亲密关系并获得乐趣。

人类也是一个富有创造力、天性爱玩且充满爱心的物种。狩猎－采集者或其他土著与当代城市居民最大的区别就是他们所表现出的温暖、热情和自然情怀。[这是我20世纪70年代在巴布亚新几内亚的切身经历。琼·利德洛夫（Jean Liedloff）在关于亚马孙部落养育子女的经典著作《连续体概念》（*The Continuum Concept*）中曾多次提及这一点。]长久以来人们注意到，当西方文明遇到工业化前的世界，后者的那些文化会使当代城市居民看起来像暴躁的僵尸。他们的文化里有我们缺失的东西。

如今，我们仍然像安蒂一样，使用着大脑闪电般迅速的处理功能来读取他人的肢体语言、面部变化、语气转换以及一些不合乎情理的事件所传达的微弱信号。因此，我们会知道自己的孩子什么时候会对某事感到困扰，或者有没有告诉我们全部真相；我们可能会感知到自己的伴侣有什么事瞒着我们——即使只是个生日惊喜；又或者，某项商业交易或安排不像表面看起来那样简单……这个信号系统早在人类拥有语言之前就出现了。因此,我们的超感知是出于本能的,而非出自语言。超感知可能存在于你身体的任何地方:胃、下巴、肩部肌肉、肠道、生殖器等。如果你想找到自己的"直觉",只需将注意力转移到身体上,尤其是身体中线(心脏、消化道)上,但它也可以出现在任何部位,因为总会有某种情况在某个部位发生。甚至,幸福也是一种直觉。

超感知是如何运作的呢?每天从早到晚,你的感官都沉浸在海量的信息之中,远远超过你能有意识地注意到的范围。在你的大脑深处,它们会与你一生的记忆进行交叉检查。然后,了不起的事情发生了。

你的海马(记忆储存区)与杏仁核(情绪调节区)对话,并向迷走神经(一个遍布全身器官的神经网络)发送信号。对此,我们所知道的是,无论身体上突然出现哪种反应(可能在肠道、头皮、肩部肌肉、心周肌肉,甚至手或脚的某个地方),都是在警示你,你的大脑潜意识正在向你传达一些信息。

你身体的一部分会被激活,意识层面的思维会注意到它们,并对它们提出疑问。这是什么?怎么回事?这是一种仍待开发的非凡力量。你可能会经历数年的胃部疼痛,在触及某个特定主题或生活的某个方面时发作,然后有一天你会问自己:它到底意味着什么?接下来,身体会告诉你答案。

人类的大脑边缘系统(负责非语言的行为)与大脑其他所有前意识部分(需要时,就可以意识到的部分)之间的协作,和其他动物之间的协作是相同的——我们具有狐狸和鹰的机敏和本能。与此同时，我们还有可以用于思考和推理的大脑新皮质。我们应该将两者有效地结合起来。

即使我们处在沉沉的睡眠之中，超感知也不会停止运行。不仅外部世界会干扰它，我们内心的思想和观念也会影响到它。我敢肯定，你一定体验过这种感觉——身体内部好像有谁在不停地"轻声细语"（一个可爱的词）。它可以在短短几分钟内发生，也可以累积数年之久，你能感觉到哪里有些不对劲，然后某一天，这一信息终于转化为理性的可用语言表达的想法，传达给了我们：

"他不算真正的朋友。"

"我不会再把孩子送去那家幼儿园了。"

"这份工作不适合我。"

"我的婚姻岌岌可危，我不被尊重，我不想再忍了。"

这些年来，我听过很多这样的故事。下面这个故事让我印象特别深刻。我的一个朋友，今年已经40多岁了，在结婚3个月后就开始偏头痛，近20年来，她一直承受着这种痛苦。然后，有一天，她发现丈夫有了外遇，原来他在结婚后不久就有了婚外情。在发现后的几周内，她对自己惨遭背叛感到非常震惊，于是和他分开了。偏头痛也随之消失了，再也没有复发过。

我们的身体具有不可思议的力量，它一直在对我们说话，如果我们不去认真倾听，它就会大声叫喊。最终，你反应迟缓的大脑会逐渐意识到问题所在，你也会知道接下来该怎么做。但是首先，你必须被唤醒。

直觉总是有用吗？

在此，我必须说明一下，感官处理系统并不是绝对可靠的，因此，让你负责运用逻辑的大脑快速运转仍然是一件至关重要的事情。你的警报系统可能会被过去的随机经验影响，让你出现异常反应。埃玛·夏勒在伦敦大轰炸期间住在伦敦，她当时6岁。自打记事以来，埃玛就一直被禁止自己冲马桶，因为她太矮了，除非站在马桶座圈上，否则够不着冲马桶的链条。她觉得这很不公平，令人尴尬。于是有一天晚上，她还是偷偷地拉下了冲马桶的链条。就在这时，一枚德国V-2导弹击中了隔壁的房屋。房间的整面墙壁都被炸毁，她凝视着开阔的天空——手里还握着那根链条！在埃玛70多岁时，我又遇见了她。她告诉我，多年之后，她依然不敢冲厕所，而且在做一些稍显逆反的事情时，都会觉得很不安。

有时，我们遇到的某个人会"触发"我们的反应，因为我们曾经与这类人有过类似的经历（通常称为感情包袱）。此时，我们需要仔细辨别一下，因为它可能是正确的，也可能不是。我倾向于喜欢、信任有苏格兰口音的人，因为是年轻的苏格兰青年社工让·格里高帮助我度过了十几岁的艰难时期。读过《艾莉诺好极了》的人会知道，苏格兰人可能非常友善，但这并不是苏格兰人的普遍特征！

最近出现的"无意识偏见"现象（我们会下意识地基于肤浅的表面特征，预先假设人们的好坏）就是关于感情包袱的一个好例子。我们可能下意识地将不同种族、性别、阶级以及成千上万种其他类型的人分门别类。注意这种无意识反应是非常重要的。

多年前，我的一些来访者是越南战争的退伍军人。由于那场战争的激烈和恐怖程度超乎寻常（在那里，你永远不知道谁是你的敌人），他们对所有的亚洲人都变得过度警觉。当然这也是可以理解的。这些人需要结识越南难民，并跟他们成为朋友，或者在和平时期重返越南，以改变他们的错误认知。他们的杏仁核，也就是大脑中恐怖感产生的地方，必须重新建立认知——自己可以安全、快乐地生活，并与具有亚洲特征的人愉快相处，以及接纳那个国家的风景、气味和声音。弄清楚"这是事实还是感情包袱"对每个人都很重要。但是，切勿在未经警报系统检查的情况下就推翻它们。当我们与超感知进行对话时，警报系统会发挥出最大的作用，可以对超感知细细审视，找出产生这些感觉的根源是什么。超感知总是有话要告诉我们，有些时候，这种语言会给我们的人生带来巨大的改变。

在以上内容里，你已经学到了如何更仔细地聆听身体发出的信号，之后你一定会兴奋地发现，它提供的信息是多么迅速、有效和具体。停下来体会超感知，需要你稍微放慢生活的步伐，但你可以借此避免将时间浪费在犯错上。如果你回想一生，会发现几乎所有的"事故"或"停滞"都伴随着之前闪现过的预警信号。你无视超感知，因此付出了高昂的代价。对于真正的重大选择而言更是如此：学习哪个专业、从事何种工作、住在哪里以及谁值得信赖。放慢生活的步伐能让我们少走弯路，从而节省时间。这将使生活更加丰富多彩——细嚼慢咽的一餐，从容不迫的学习，把握节奏的性爱，悠然自得的假期，细水长流的相爱，在平和缓慢之中，也许会迎来出乎意料、激动人心的时刻，因为你将感知到并辨别出什么才是人生的最佳选择。简单地说，超感知是一座沉睡的发电站，蕴含着丰富的生命能量。它可以在你醒着的每一秒发挥作用，在接下来的章节中，我将教你如何运用它。

小　结

人类的祖先为我们留下了奇妙的感官装置，而这一切的核心就是我们的超感知。超感知会解读一切，并将各种信息综合在一起，但是现代世界使我们变得迟钝。我们的成长过程和教育方式没有教会我们如何阅读自己的感官感受，或如何听见它们对自己的细微提示。可能25万年前一个8岁的狩猎孩童都比我们更有感知力和能力，也更聪明。

真正有效的心理治疗就是要使这些感官系统正常工作。我的来访者安蒂的康复过程就包含了激活各个层面的自我——她的心灵、她的心智和她与宇宙的感应。她内心有许多情绪纠葛，不仅来自停车场的那段经历，还包括她整个童年时期的遭遇。她不得不重新审视自己所生活的这个世界。她会从困境中走出来，不仅仅是"重新振作"或"恢复正常"，而是进一步成为一个更有生命力和使命感，更懂得关心朋友的人。她身边的每个人都看到了她的变化。她不仅被治愈了，还从一个单纯的好人变成了一个非常了不起的人。

我们生活中发生的一切，哪怕是恐怖的事情和悲剧，都可以让我们成长，让我们更加自由、更有智慧。不过这并不意味着一定要经历恐怖的事情才能有所进步。我们可以学着将这些特质传递给自己的孩子，好好培养他们，让他们自在生长，自由发展。我们还可以唤醒自己内在的活力。这就是后面的章节将要探讨的内容。

超感知练习 1

回顾你的生活，你会发现自己曾经在感到某种隐忧时，或仅仅是在做决定和面对某些情况时，听到一个内在的声音在低语。选择其中一次经历，简单地描述一下，比如：

> 我在某个地方见过的人……
> 关于某件事我所做的决定……
> 小时候我遇到了某种情况……

现在，如果愿意，你可以唤醒曾经的记忆。同时，请注意你现在是否能感知到身体发出的明确信号或做出的反应。你能用语言描述身体的感觉吗？它在哪里？它有什么特点？比如，好像胃部有紧缩的感觉，好像额头上勒着一条紧绷的发带，好像心脏有点颤动……通常，某个身体部位会清清楚楚地有所知觉。

花1分钟左右的时间来感受，当你注意到它后，请留意它是如何运动或变化的。最后，眨眨眼，环顾四周，感受自己的脚踩在地面上，缓慢地呼吸，从刚才的回忆中抽离出来。

注意：你身体里的这些"警示灯"可能渐渐熄灭了。或许以后你还能注意到它们。它们将对你的生活大有帮助。

超感知练习 2

想想你此刻在生活中面临的某个挑战或某种状况。想想当前正占据着你内心的一些疑问，无论大小——不管是关于工作、家庭的，还是关于个人的。当你想到它们时，你注意到身体有什么感觉？它们在哪里——肩膀、脖子、腹部、面部还是胸部？现在，找一个最能形容它们的词：紧绷、发热、颤动、紧张、沉重、扭曲、空虚或空洞。有成千上万的词可以使用。

注意那个有知觉的身体部位，并注意当你叫出它的名字时，它是保持不变还是发生了变化，抑或感觉变得更强烈。在后面的章节里，我将帮助你改变这些感觉，帮助你了解它们试图告诉你什么。你要保持这样的态度，即这是你明智的、原始的一面正试图向你传达信息，试图让你感知到一些事情。试着向自己的这一部分送去友好的问候——你们将成为好朋友，它将会成为对你的生活大有裨益的一个盟友。

2
Living in the Mansion
一个人的四层公寓

"多年以来，我都在努力寻找某种语言或方法，能够将神经科学的发现和心理治疗的方法融入一个可在任何情况下被任何人使用的单一系统，同时这一系统也要足够灵活，在糟糕的状况或紧急情况下可以随时被调用，立即为我们提供帮助。最终，我想到一个合适的比喻——'四层公寓'。"

在当今社会，无论从事哪种职业，你都会发现自己时不时需要去参加职业发展课程。这些课程往往十分乏味，让人昏昏欲睡。我知道这一点是因为，几年前，很多人开始跟我联系，问我是否可以去给他们的团队讲课。这些团队的成员可能是助产士、教师、葬礼承办人或高级警官。"你为什么想要我去讲课？"我问道。即使隔着电话，我好像也能看到他们略带阴险的微笑。他们说："因为，我们听说您不会把人讲睡着。"

那段时间我需要养家糊口，所以就接下了这份工作。但是我对葬礼承办人或助产士的工作一无所知。我能够教他们些什么，好帮助他们完成如此高难度的专业工作呢？答案并不难找到，那就是"成为一个活生生的人"。与他人交往的能力是一种至关重要的工具，无论是对国家警察而言，还是对王室成员或麻醉师而言。

接受我培训的人都很聪明，通常比我聪明得多，所以我一直以尊重他们的生活经历为出发点去跟他们交谈。有一天，在例行的介绍之后，我让他们回答一个看似简单的问题："什么是人类？"他们先是感到困惑，然后开始动笔。几分钟后，我让他们大声读出他们刚刚写下的东西。

有些人的答案具体而简单：人是一种动物，一种双足哺乳动物，或其他类似的表达。有人说人是一种社会性动物。更具理想主义的人补充说，人有巨大的潜力，可以学习和成长。也有人指出，人类有情感、价值观和梦想。有些人则大胆涉及超自然领域——我们是由上帝创造的孩子，或者我们就是上帝的孩子。用通俗的语言来说，我们是思想、肉体和精神的混合体。

这不是一场琐碎而无用的练习，因为我们对于"人是什么"这一问题的思维模式，将会有力地塑造我们对待自身以及对待他人的方式。悲观的人会对人的本质持有悲观的想法，善良的人则会持有友善的看法，而一个满腹怨气的人会以糟糕的眼光看待这个问题。思考这个问题时，你会注意到，有一些重要的变化发生了。如果不对人的本质多加思考，那么你内心深处对自我的思考也难以深入，这种思考的缺失会不断强化并最终导致行为扭曲。因此我希望你重视这一点：你对"人是什么"这个问题的看法，对你来说可能是最重要的事情，因为它决定了你如何对待你所遇到的每个人，以及如何对待自己。希望你能确保自己对如此重要的事没有错误的认知。

我有很多儿童和青少年的心理疾病患者，他们都曾被父母用激愤的语气斥责过，比如说他们是"垃圾"，或者类似的辱骂。在这样的童年环境中长大，很少有人能不受到严重伤害。即使是来自友善、充满爱的家庭的孩子，他们也需要抵抗外部世界传达的负面信息。我们所处的文化实质上在告诉我们，人都是充满欲望的，或是极为自负。如果我们对此信以为真（很少有人能够完全避免），那么我们将永远不会快乐。如果我们想过上充实的生活，那么我们对人的本性和我们自己的本性就应该有最深入、最完整的了解，这一点至关重要。本书的重点就是极力地拓展你对"人是什么"和"自己是什么"的认知。

参加我的培训研讨会的听众总是在没有提示的情况下得出统一的结论：人类具有多个层面，我们所处的层面或层次是不同的。从神经科学的角度来看，这一点毋庸置疑。我们的大脑结构以及我们的心智（我们大脑的工作方式）是分层的。最下面的是古老、原始的爬虫类结构，它们之上是更贴近哺乳动物特质（热血和热心）的中间层，最上层则是真正体现人类洞察力和同理心的区域。这与我们的进化相吻合——蜥蜴不会拥抱或哺育自己的孩子，但哺乳动物会，而刺猬和獾则不会担心能否为孩子找到一所好学校！

我们有不同的层面——所以呢？

你可能会想，嗯，是的，我已经知道，我确实是一个多维存在的生物。我有理性的一面，有情绪化的一面，等等。但知道这些有什么用呢？答案是，尽管我们可能嘴上对这个观点表示认同，但实际上，如今大多数人都忽略或忽视了其中的很多层面。人们被困在他们心中的一个小角落，不断重复着陈旧而粗糙的自我对话，渐渐失去生命力，也失去了与外界的连接。

我们的文化已经抹除 5 000 年前人类本有的意识领域，有些文化还在抹杀意识的重要性。在我们的成长过程中，我们对周遭事物的注意和忽略都是经过高度调教的，通常，即使我们的父母知道关于人类意识领域的知识，他们也不会关注或培养我们意识的不同层面。例如，有些家庭根本就没有关于情感的对话。这些话题在我 20 世纪 50 年代的童年时期是完全没有的。我的妻子莎伦的童年时期更为艰难——父母忙于工作谋生，孩子们总是自己做饭、打扫房间。她的父母从不关心她过得如何，或者今天过得怎么样。即使在当今的普通家庭，多数家长也没有关注过孩子的内心世界。其实，青少年也有不为我们所知的深层疑问。年轻人的内心世界如果没有被引导、被肯定、被给予自我表达的机会，就会变成养在笼子中的老虎，巨大的能量未被挖掘，潜力被埋藏。如今，大多数人的内心世界都是枯萎的，其中很多领域并没有被觉察。

当然，有一部分人的表现更好一些。在我的《养育女孩》一书和一些演讲中，我讲述了一个十几岁的女孩吉纳维芙的故事。她的男朋友想和她发生关系，于是向她施加压力。她感到非常困惑，问妈妈该怎么办。她妈妈跟她说了一句非常明智的话："听从内心深处的指引，你的身体知道你适合做什么选择。"女儿马上就知道了。她爱这个男孩，但她还没有做好和他发生关系的准备，这一点非常明确。当我给听众讲述这个故事时，会堂里传来一片赞同声。

但是大多数人并没有意识到自己是有多个层面的（身体只是其中之一）。回想一下，有多少次在做某件事或做某个选择时，你体内的声音在尖叫着说"不"；又有多少次，当你体内的声音争着说"是"时，你却没有听从。我们最终都以一种非常不自然的方式活着，我们顺从他人，屏蔽了我们广阔的意识领域。强大的人生工具几乎没有得到合理的使用。

这里还有一个更深层的问题。如果我们忽略了自身的某一部分——我们的感觉、身体、价值观、性取向或我们的灵性，这部分就不会安生。它会以一种难以觉察的方式继续对我们施加某种力量。这就像是内部叛变，我们无法侦破也无法镇压。而且，由于其中一些层面非常强大，我们最终可能会被彻底撕成碎片，陷入巨大的冲突和混乱，届时我们将不再是一个完整的人，我们的人生将变得毫无意义。

当我们无法触及自己多层面意识的所有领域时，我们的人生将失去其完整性。其他人则会认为我们总是自相矛盾，不值得信任。我们在生活中会失去方向，失去自我，变得更容易被他人影响。过度资本主义的生活（奔忙、压力、消费）给家庭造成了严重的损失，但我们却认为这是正常的。如果此刻我们真的这样认为，那么我们以及我们的家人肯定有一些自己没有意识到的问题。就像20世纪50年代的女性，她们认为如果没有穿着围裙做烤饼，那一定是自己出了什么问题，而现在的人则感到自己无法承受21世纪生活中的孤独感以及周遭严酷的竞争。我们的孩子也正在这个日新月异的世界中成长着，这个世界变得越来越残酷、越来越激进，它在惩罚每个无法达到既定标准的人，而这些标准本就难以实现。比如，时尚的标准、身材的标准、财产的标准等，但这些事情本身对人生而言并不重要。

读到这里，读者朋友们可能会意识到，这么多可怕的问题（离婚、焦虑、抚养孩子的压力、青少年的叛逆和自我伤害）都是上述原因的直接后果。能够调动并善于运用自我力量的人不会忍受本来的生活方式，而会寻找更好的方式。他们会出发向另一座山峰行进。他们就是能够改变世界的人。我希望越来越多的人这样做。

当我们学习融合并利用自己心智的所有层面时，可能会发生令人惊奇的事情。我们会发现自己的内在节奏和力量。因此，现在是时候了解这些层次和层面是什么，以及如何在其中自由穿梭了。

我们都住在一座四层公寓中

我们的心智是很复杂的，因此，要想管理心智，我们需要借助简单易行的工具。多年以来，我都在努力寻找某种语言或方法，能够将神经科学的发现和心理治疗的方法融入一个可在任何情况下被任何人使用的单一系统，比如一种足够简洁明了的模型或地图，简单到小孩子都能理解，同时这一系统也要足够灵活，在糟糕的状况或紧急情况下可以随时被调用，立即为我们提供帮助。最终，我想到一个合适的比喻——"四层公寓"。

我从一开始就很喜欢这个想法，并且我一直都在使用和教授这一理念。像你一样，我的一生中也有重要的事情要处理，这种模式已经引导着我走了很久，一路跋涉（活在人性危机的时代，这个理念越发显出了它的重要性）。

所以，让我们开始这段旅程吧。现在，如果你正在坐着看这本书，不妨尝试一下。注意你的坐姿以及舒适度（如果想稍微移动一下，请尽管跟着自己的感觉来）。继续注意你的整体状态。你的腹部有什么感觉？背部呢？你面部的表情是什么样的？你在呼吸吗？

第一层是决定你是谁的根基，是不断行动和感知着的哺乳动物身体。身体需要食物，需要睡眠，需要活动、跳舞和玩耍，需要性爱，需要听音乐。它需要存在于自然状态之中。这似乎是天经地义的事情，但人们常常忽略或忽视生活中的这些方面，并疑惑生活为何不顺。在接下来的章节里，我们将专门用一章来唤醒和发展更丰富的神经通路，以进入你的"生理自我"，你会发现身体成了给你带来活力和乐趣的资源，能处理各种困难，而且还可以帮你重塑内在平衡和幸福感。现在，你只需要知道——第一层是你的身体。它一直在那里，并且一直值得你去探索！

现在，让我们来到你心智公寓中的另一层。它是从你的身体中生发出来但独立成一层的地方，是我们的情绪层面，也就是我们的"心"。这里充满了情绪。情绪从你的身体中浮现出来，但它与单纯的感觉有所不同。例如，在节食或轻断食期间，你可能会感到饥饿，但依然开心；但在另一种情况下，你可能会因饥饿而感到愤怒。比如，你把食物放在海滩上，一不留神，海鸥吃掉了你的午餐；或者你在徒步旅行的路上迷了路，食物储备越来越少。你有相同的饥饿感觉，却有不同的情绪。

情绪比单纯的感觉更为鲜明、强烈。它们意义重大，我们应该弄清楚其中的意义。情绪（恐惧、愤怒、悲伤、快乐）会告诉你某件事此时此刻的深刻真相。它们还会以某种方式使你充满活力，帮你渡过难关。情绪是一种智商，这种智商对于与他人的相处尤其重要。在第四章中，我将为你提供有关情绪的指南，让情绪为你所用，而不是让你被情绪所累。

直觉和情绪之间的冲突

要明白超感知和情绪是不一样的，这一点很重要。超感知比情绪处在更深的层次，它还可以更进一步，更具包容性和整体性。下面就是一个例子。

罗辛今年32岁，她与伊恩在一起已经3年了。伊恩善良，乐于助人。罗辛很信任伊恩，但总是时不时地认为他跟自己不合适，这使她感到非常困扰。一言以蔽之，她觉得他很沉闷。最近，这种感觉变得越来越强烈。每当考虑到要与他共度余生时，她的内心总感觉有点"不对劲"。她的超感知在说："你需要一个有炽热灵魂的人，一个怀有远大志向的人。"但是每当这种想法浮现时，她在情感上又会感到恐惧，害怕失去这段关系，变得孤独。因此，她在情感上倾向于"留下来"，但她的超感知却在说，"你永远不会对这个男人感到满意"。这个信息似乎来自比情感更深刻、更明智且更宁静的地方。

当我们内心出现这些相互冲突的信息时，其实并非意味着一个是对的，另一个是错的，这是一个需要我们关注并允许这些信息自由发展的过程。她继续聆听自己的内心，并且对伴侣开诚布公，与他一起面对。

又过了一段时间，罗辛和伊恩分开了，他们没有互相指责，而是非常友好地结束了这段关系。在接下来的几个月中，罗辛越来越清晰地认识到这段恋爱关系根本不适合她。分手后，她活得更快乐、更真实，也变得更坚强了。孤独的确是一种挑战，她希望有一天能遇到更合适的恋爱对象。有趣的是，他们分手后，伊恩辞去了工作，也开始了一些冒险，寻找生命中不同的可能。（从心理治疗师的角度来看，世上并没有真正的"无趣"之人，只是我们都有可能被困在一个"无法做自己"的陷阱里。）

这个故事告诉我们，如果罗辛只是听从自己的情绪，那她将一直陷于困境。而她的超感知传达了不同的信息。虽然她花了一段时间才找到这个信息，但这对她影响重大而深远。我们的心智公寓并没有全景图，但是如果我们在各个楼层进行探索，事情就更有可能顺利进行。

再上一层楼

现在，让我们再上一层楼，直达你的头脑。这里位于第三层，它根植于你的身体和情绪，是不断在思考的大脑（尽管这些思考也有无效的时候）。这是你的前额叶，是你负责执行和分析的大脑。大多数人在想到自己的时候，都会想到自己的思想。我思故我在。但是，事实离真相还很远！我们的确迫切需要进行更好的思考，我希望本书能够为读者朋友们提供一些强有力的工具，以强化和发展这种能力。思考是我们理解生活的方式，也是我们与周围其他人进行交流的方式——将事物加工成文字，并将其传递出去。

善于倾听他人的想法并做出回应，有助于我们建立良好的关系，也有助于我们更新或反思自己的观点。语言是通往他人的桥梁。我们心智公寓的第三层是一个充满生机与活力地方。但请记住一个重要信息：这并不是你的全部。它只是一种工具，而真正的你不只是你的思想而已。在一个大公司里，首席执行官很重要，但想让公司完美运转，还需要这里的每个人都充分参与并共同努力。当你的大脑学会尊重其他所有部分时，人生才能真正开始运转。

现在我们探索完了心智公寓的三个层面，有人可能会说：

"就是这样，身体、情绪、思考，就是人心智的全部。"但是事实并非如此！现在，请你不要再向内思考自身，而是向外思考，思考周围的世界——人、事、景、物，比如天空和星星。然后思考无尽的时间和空间，思考过去和未来以及你活着时或离开后的生活。从这个角度来看，你不难意识到，自己是偌大的世界里一粒渺小的尘埃。

但是，当人们或早或晚意识到这一点时，他们经常会犯两个错误。一个错误是，他们觉得自己微不足道。另一个是，他们认为自己独自生活在一个无人关爱的偌大世界。这种想法其实已经离绝望不远了。自杀（因孤独而导致的死亡）是最悲剧也最具破坏性的结局，它使一切都化为泡影。在大多数现代国家，自杀是一个巨大的社会问题，每年造成数千人死亡。其他问题，例如贪婪、成瘾、焦虑、自私等，也是这种错误的思考自身的方式所导致的结果。

那么，请你现在听我说句实话：你并非孤立无援，也绝非无关紧要。就像叶子是树的一部分，雨滴是海洋的一部分，你是世间万物的一部分。没有成千上万的叶子，就长不成树。没有不计其数的水滴，就汇不成海洋。因此，如果我们想在生活中变得现实和理性，就必须考虑到这一点，这非常重要。我们是大千世界的一部分，如果走入大千世界并与之和谐相处，我们的生活将会蓬勃发展，其重要性就会凸显出来。这本书将为你提供各种方法，这些方法不仅能够让你从理智上把握这一点（因为这只能给你带来微不足道的安慰），还可以让你真正感受到一种融入自然世界，与他人建立连接的亲密感，让你不再觉得孤单。宗教教义都是以爱为核心的，你也一直是被爱着的。

我们心智公寓的第四层，即我们与万物相连的地方，是我们灵性的所在。这并不关乎信仰，而是世人都有的一种直接的经验和感觉，找到归属感是我们与生俱来的渴望，愿意穷尽一生去追寻。

灵性处于顶层是有原因的。它对我们身心系统的正常运转至关重要。正如手机在没有连接网络时功能非常有限一样，如果不把灵性与周围更广阔的生活紧密结合在一起，它将毫无意义。

最顶端的这一层与其他楼层不同。它是一个露天的屋顶花园，对着天空敞开。众所周知，灵性很难用语言表达，因为语言常用于描述微小而琐碎的事物（如汤匙、猫狗、鼻孔），而不能用于表达伟大的奇迹。但是你还记得小时候那种美好的感觉吗？记得那种完全自由、朝气蓬勃的感觉吗？回想一下自己的童年时代，迎着风在沙滩上奔跑，海鸥在天空中自在翱翔，海浪拍打着海滩，云朵高高飘浮于海平面之上，你感到了绝对的、完全的自由，或者说"彻底的"自由。你还记得那种感觉吗？那种绝对安全、没有边界或任何形式的自我意识的自由感？那是在什么地方？在你几岁的时候？

灵性是再次获得那种自由以及合一感。灵性是同情、平静、创造力，你不再局限于小我，在生活中变得轻松自洽。

在接下来的章节中，你可以找到许多思维方式和实践方法，以到达灵性的层面。当你凝视公寓的屋顶时，你可以在上面牢固地扎根，然后，你会逐渐意识到，自己根本不需要这座公寓了，你可以毫无恐惧地生活了。将这一理念全部展开讲，需要一整本书，而现在我们已经迈出了第一步。你的自我探索之旅已经开始了。

你了解自己的公寓吗？

还有一件最重要的事情，我们留到最后来说。当你探索完心智公寓的所有楼层时，你很快就会发现一些问题。对几乎所有人来说，这些楼层有时会产生矛盾。我们的行动与感觉不符。我们的身体可能会想要一些大脑说不能要的东西。我们的大脑可能不会听灵魂的话。也就是说，你的生活并不会一直有条不紊。因此，下面这些内容至关重要。

在我给助产士、葬礼承办人、外科医生以及军人等群体的培训即将结束时，大家已经了解了四层公寓这个概念，我要求他们做些有挑战性的事情：两人或三人一组，讨论一下"你的生活有什么进展"。这场讨论气氛热烈，人们畅所欲言，有人哭了，身边的人纷纷出言安慰。这个问题可能是你所能提出的最深刻的问题。

留心生活中身心灵不一致的情况（即使这会让你因绝望而哭泣）是自我治愈的一部分。你不必清楚地知道该怎么做，因为解决方法会自然而然地出现。人类和其他生物一样，会自然地寻求各个部分的统一。宇宙也是如此。

将注意力集中到可能发生冲突或感到不适的地方,可以帮助我们实现这一目标。接下来,我们的整个系统将找到一种治愈的方法。

我们要做的就是多多留意,保持呼吸,继续我们的生活,勇敢地走进公寓的所有楼层,并让每一层亮起璀璨的灯光。我们神奇的身心系统将开始告诉我们该做什么,以及如何去做。无论花多长时间,我们都要将这四个层面统一起来,这一切会对我们的人生产生重大影响。

自我反思练习 1~7

1. 你是否意识到自己的心智有不同的层面？在阅读本书之前，在日常生活中你是否会积极地接触这些内容？

2. 我们将在本书中学到的一项关键技能就是在心智公寓内部自由移动，就像乘坐电梯上下移动一样。你能轻松地领会这一理念并注意到身体因此产生的变化吗？（刚开始可以先注意一些普通的事情，如身体舒适度、紧绷的肌肉、体温、放松感等。）

3. 当你产生某种情绪时，一般来说，你是否能真切地体会到它？

4. 保持冷静，思路清晰地思考，推断问题，对你而言是容易的事吗？

5. 你是否有一种灵性的感觉？在宇宙中是否有安全感、舒适感？是否感觉自己是大自然的一部分？是有一点这样的感受还是感受很深？抑或对你来说，这是一个陌生的概念？

6. 你处在哪个层次——身体、情绪、思考，还是灵性？而你最不关注哪个层次？

7. 最重要的是，你容易在哪个层次陷入困境？这会给你的生活带来麻烦吗？

如果你尚未留意到自己的心智层次,那么通过探索它们,你会获得很多乐趣和自由,生活也会比以往更轻松。深呼吸,做好准备,让自己从情绪(心智公寓的第二层)上兴奋起来吧!

3

The First Floor—
Your Body

公寓的第一层
——你的身体

"你的身体拥有自己的生命,它一直在出色地完成工作。它为你提供了重要的线索,引导你走向健康和活力。如果你每天都能聆听它安静而持久的声音,而不是只在它做出剧烈反应之后再去关注它,你的生活就会更加顺畅。"

坐在我面前的人，患有严重的创伤后应激障碍（PTSD）。他曾在世界上战火最激烈的一些战区服役，留下的心理创伤可想而知。但是到目前为止，他所得到的心理帮助并不够。他已经多次进出医院，多次试图自杀，一直困扰着他的强烈情绪也令他的家人受到了严重影响。

他正在激动地谈论自己的处境，但一些更重要的事情引起了我的注意，就是他支撑身体的方式：他坐在椅子的边缘，好像时刻准备逃跑一样。他拳头紧握，呼吸浅而快。我问能否打断他一下，然后问他身体感觉如何。他看上去一头雾水，仿佛我说的完全是题外话。我静静地说："你有没有注意到自己坐在椅子上不舒服？"他试探性地往后坐了坐，靠在了舒适的椅背上。我问他是否可以先不要说话，哪怕只是静坐几秒钟，然后深呼吸。他笑了，脸上有了些许光彩。他是个很聪明的人，而且很快就按我说的做了。他之所以笑，是因为他在一瞬间就意识到，当他坐在这里呼吸和说话时，实际上是处在一个非常安全的地方，但他却感到恐惧。他灵魂出窍般陷入了回忆。从这件事开始，他逐渐意识到，即使是像创伤后应激障碍这样复杂的精神障碍，本质上也仍然是一个内在的身体问题。而当他关注自己的身体时，他可以通过一些微小的方法来改善自己的状况，随着时间推移逐步累积，产生很大的变化。

这位患者和其他成千上万患有创伤后应激障碍的人所获得的帮助之所以没有成效，部分原因在于他们过度依赖认知行为疗法（CBT），而且认为可以控制自己的感觉。当然，纠正错误的思维很重要，但这远远不够，因为我们大脑的运作方式可能与之大相径庭。推动思维的往往是情感。同样地，我们需要在身体的意识层面上进行干预，先清晰地认知自己的感觉，再到超感知，也就是回到感觉开始的地方。启用四层公寓这一理念，让身体每次只从一个层面上解决问题，自底层开始，慢慢向上。通过这种方式，心理治疗师就能让患者置身于安全地带，在现实环境和人际关系中均感到安全。为了疗愈患者，心理治疗师必须去关爱他们，他们受到多大强度的伤害，我们就需要用多大强度的专注、决心和爱来治愈他们。

在患者康复的每个阶段，他的身体都是忠实的盟友。他试着重新关注自己的内在感觉，让这些感觉慢慢沉淀，然后变得更加清晰，同时增加了一些体育锻炼，比如散步、游泳、瑜伽、太极拳等。这些都让他专注于体会此时此刻的状态，他的身体能以一种可靠的方式搭建起临时避风港。只有这样，我们才能让未表达的情感浮出水面，与纠结的思维模式共存，与意义探索和精神思考同在。这样做，是他超越自己所处的可怕境地所必需的，只有这样才能实现持久的改变和成长。我们可以通过超感知回到自己的身体，那里永远是我们最终可以回归的安全地带。现在请深呼吸，睁开你的眼睛，感觉双脚坚实地踩在地面上，感受此时此刻的状态。

忽视自己的身体让患者无可救药地陷入记忆与恐惧。实际上，大多数人都多多少少有这个问题。如果我们与身体、情感和灵性相隔离，并对此习以为常的话，就等同于几乎放弃了我们四层心智公寓中的三层——这意味着，当不可避免的生活创伤到来时，我们处理它们的能力很差。问题不在于创伤，而在于我们的自然愈合系统无法完成工作。

我们是如何与身体失去连接的？

我有个来访者从小到大都没有留意过身体的"感觉"，这并不是他的错。这是他家族几代人意识混乱的精神遗产。我们曾祖父母那代人的一生都处于情感压抑的状态。他们会说："我6岁就上了寄宿学校，多难的日子我都挺过来了，我学会了沉默，忍住眼泪，变得越来越坚强，这让我成为一个真正的男人。"成年后的情况更是如此。大家都在压抑真实感受，而所有压抑都是非常痛苦的，它们会关闭身体的内部信号，让身体肌肉紧绷。他们在看到战友被炸成碎片时会抿紧嘴唇，这样就不会陷入深切的悲痛。然后挺直背部，抬起下巴，继续前进。

"世纪噩梦"（nightmare century）是如何在我们的身体上留下记录的？

我们总是形容西方人（尤其是英国人）是情绪压抑的定时炸弹，这的确是近代历史的产物。这一点在我们的身体中可以强烈地体现出来。情绪压抑的紧张感是非常痛苦的，足以让一个人为了将其消除而不惜采取一切措施。这种情绪压抑会导致身体上的痛苦，因此西方人总是过度依赖酒精。描绘美国20世纪60年代战后生活的电视剧《广告狂人》(*Mad Men*) 中的角色就常常借酒浇愁。英国的工人每天晚上下班后，通常要在酒吧待一小时甚至更久，直到把自己灌醉。女性则独自一人在家喝酒，酒量大到足以令今天的我们大吃一惊。20世纪60年代，西方世界开得最多的处方药物就是安定片，这是一种可以用于肌肉放松的镇静类药物。这些自我治疗的策略可以使情绪压抑问题得以缓解，却无法根治。

越南战争期间，晚间新闻不断报道战亡人数，成千上万个家庭的儿子、兄弟被装在尸袋中才得以魂归故里，这使文化也发生了巨大的变化。年轻人开始质疑本国政治家的动机，而肯特州立大学惨案[①]使他们的质疑得到了证明，对权威的信任就此瓦解，而曾经这种信任坚固到我们今天几乎无法

[①] 此处指1970年5月4日发生在肯特州立大学的流血事件。当天，上千名肯特州立大学的学生在抗议美军入侵柬埔寨时，与在场的国民警卫队发生冲突，造成4名学生死亡，9人受伤。——编者注

相信的程度。育儿作家、儿科医生本杰明·斯波克（Benjamin Spock）曾因新一代质疑权威而备受批评，不过这只是在他开始支持反战运动，并带动了半个美国之后。也许战后一代更加亲密的育儿方式确实发挥了作用。这不仅仅是服装或发型上的变化，它还动摇了建立在顺从和恐惧之上的整个文明的根基。而50年后，这种对权威的质疑还在持续，从俄罗斯的朋克乐队"暴动小猫"[①]，到瑞典环保小将格里塔·桑伯格（Greta Thunberg）及其因气候问题而罢课的举措，再到黑人人权运动……在20世纪六七十年代，一大批人顺应自己的内心和价值观，找到自己对自然的热爱和与自然的连接，心里的精灵终于从禁锢它的瓶子中飞了出来。随之而来的是女权主义、环保主义、同性恋权利、土著居民权利和动物解放的新浪潮。我们终于认识到，这是生命力量与死亡力量的斗争。环境危机可能是在时间上离我们最近的一场战斗，但我们已经取得了一定的成就，我们有理由继续怀揣希望。

打破桎梏

今天，我们更加信任和享受自己的身体。我们喜欢看到孩子们愉快大笑、开心嬉戏、手舞足蹈。我们喜欢看到青少年冲

---

① "暴动小猫"（Pussy Riot）是一支成立于俄罗斯的女权主义朋克乐队和表演艺术小组，整个团队目前共有十多名女性成员。——编者注

浪、跳舞、做音乐或搞艺术，甚至花一两年时间环游世界。人们也更鼓励和期待追求性愉悦了（实际上，这是非常必要的，尽管那是另一回事了）。我们终于获得了快乐。我们认为大自然是我们的家园，而非某种被征服或被遗忘的事物。无论怎么说，核心的观点就是，情感上我们更加包容和开放了。我们允许自己哭泣——对于男性而言也一样。

然而，我们依旧有很长的路要走。与孩子的灵活、敏锐相比，成年人依然是麻木僵硬的，无处不在的社交媒体和充满竞争的消费主义给我们施加了新的压力和准则。我们与自己的内在完全脱节了。要想完全打破几个世纪的思维桎梏，需要一到两代人的时间。但是，如果我们想找回精神世界的健康和快乐，就必须打破它。因此，我们必须探索和解放自己。在这本书中，我将帮助你到自己的内心世界旅行。如果你已为人父母，我还会帮助你确保自己的孩子从成长初期起就不会背离自己的内心世界。

回归你的身体

在本章剩下的部分，我将教你如何激活大脑的感知能力，解析和引导你的身体。这个过程非同寻常，因为在你体内，有一整个交响乐团正在演奏，旋律千变万化。你的身体正在呼唤着你，希望助你度过一生。这是一个聪明而有灵性的生物，它想和你成为朋友。

你的思想和身体是为健康和幸福而存在的，但它们需要你做一件事——关注它们，才能保持正常运转。你的注意力会在心智公寓的四层之间自由移动，聆听你的超感知。请想象有一个小人儿，手握火把，正要将灯点亮！在阅读本书的过程中，你的注意力将越来越有意识地去往你想关注的地方，这个过程你将经历数百次。当你自然而然地将自己意识的光芒照射到内心时，在某个奇妙时刻，你会发现一切都在改善——从最基本的食物消化或身体仪态，到深刻的内心平和与安宁，再到不断变化的人生见解。那跳跃的光束就是你的自由。你可以引导自己前往任何你想去的地方！

准备开始

我们即将开始尝试一些可行的方法。现在，无须放下你正在阅读的书本或正在浏览的电子设备，只需将右手小指轻轻勾起即可（就像英国人喝茶那样）。好的，现在请你把这个动作重复做几次，做的时候请注意身体其他部位的反应或感觉。在你做这一系列动作时，我会等着你的！当然，你会感觉自己的这只手有些微变化，那另一只手呢？脚呢？你的整个躯体呢？一开始，你可能什么都感觉不到。请集中注意力，仔细审视自己的身体。又产生了什么变化吗？如果还没有感觉，请做一些幅度更大的动作，比如抬起你的整个右臂。现在有感觉吗？比如肌肉的轻微收紧，或者其他微小的感受？

通过测量肌肉运动的电子设备可以得知，即使你只是动动小拇指，你身上的其他所有肌肉也会产生小幅度的联动。哪怕只是你左脚脚趾稍微移动了一点，也是在平衡手部受力的微小变化。肌肉运动是如此巧妙，即使在你观看网球比赛或舞蹈比赛时，你身体的某些部位也会跟着做出你正在观看的动作。

一般来说，我们完全意识不到身体的运动方式。当你举起手臂时，其实并不只是你的手臂引起了这种运动。再试一次看看。手臂动作其实是由肩部和背部肌肉的运动引起的。身体任何部位的运动都会牵涉到其他部位。

你现在可能正在坐着，那么请尝试以下操作：什么也不做，不要动，但是想象一下从椅子上站起来。在你的脑海中练习一下这个动作。当你为这个即将发生的全身动作做准备时，你的脖子、背部和腿部会立即发生微小的变化。如果你没有这些感觉，请不要担心。读到本书结尾时，你就会放松下来。

尽管上述的感受令人着迷，但并不是我们的目的所在［为此，我要感谢以色列物理学家、柔道冠军摩谢·费登奎斯（Moshe Feldenkrais），他的身体练习和身体意识系统已经改变了成千上万人的生活］。我们最重要的是提醒自己，在生命中的每一秒，身体内部都在发生很多事情。

肌肉只是最浅显的一个层面。我们的身体器官也经常移动和变化，以响应我们周围发生的事情。我们会感到胃部抽痛，会感到嘴唇有点干，这些变化可能是短暂的，也可能是更重大、更持久的。挪威研究人员发现，在失去亲人的情况下（尤其是失去至亲，比如丈夫、妻子或孩子），我们的心脏会发生形变。它会缩紧至胸腔的上半部，并保持这种状态长达一年之久。这期间发生了什么？我们真的心碎了吗？

这种情况更可能是身体的一种关闭或放缓的状态，但这是不是健康型悲伤和压抑型悲伤（有问题的悲伤）之间的区别？毕竟，与世界许多地方的人相比，西方人在排遣悲伤情绪方面的能力并不突出。如果我们能和家人、朋友一起流泪，痛苦却痛快地发泄情绪，这种心脏的紧缩还会发生吗？我们所知的是，身体会记住这一切。亲人离世后的第一年，健在的人更容易由于自然原因而死亡——其中一定存在某种逻辑——在亲人离世后几天到几周之内尤其如此。

我们的器官充满了神经末梢（尤其是我们的消化道和胃），原因尚不清楚，但必定存在。几乎可以肯定，在许多语言中，"直觉"（gut feeling）一词都与"内脏"（gut）有关。当我们拥有丰富的经验时，我们会说情绪是流动的；我们体验了几乎所有的情绪，就像身体中剧烈的潮涨潮落。从字面上看，它可能来势汹汹，轻易地将我们击倒，只有等那种情绪得到适当的释放之后，身体才能正常运转。

对于这种感觉，我们甚至可以喜爱并享受它。一部伟大的电影、一本书或一首乐曲的结尾可能会以强烈的情绪给我们带来巨大冲击，而那需要高超的技巧和巨大的努力。我们看电影、读小说或参加音乐会，就是为了体验情感。多年以后，我们依然会记得，随着音乐声越来越大，字幕和演职员表开始滚动，当时自己心里那种强烈、激动的感觉——他们终于安全了；她真的爱他；霍比特人幸存了下来，并受到了中土世界所有人的称赞。

我们在人生中都会拥有那样的时刻，那一刻正是通过我们的身体来表达的。坠入爱河、感到渴望、为孩子担心、喜爱孙子孙女——所有这些都是发自肺腑的。

很久以前，我和妻子住在塔斯马尼亚岛西部地区的一个大型农场上。我们经常清晨去田野散步。刚刚睡醒的羊看到我们突然闯入它们的领地，会在草丛上撒一大泡尿，然后惊惶跑走。几百只羊一起撒尿的景象很有意思，让人简直有种尼亚加拉瀑布的观感！中国作家姜戎在畅销书《狼图腾》中描述了蒙古狼会在黎明时突袭鹿群，而这些鹿因为憋尿无法逃跑。因此，在面对威胁时大小便有一个实用的原因：排便可以减轻负担！如果可怕的危险威胁到人类，我们也会有这种反应。澳大利亚的男学生们将此戏称为"吓得尿裤子"，但在野外这其实是有效的措施。我们的身体反应可能很激烈，因为人类的生命本身可能就是极端的。可悲的是，极端的压力也可能导致早产。我们的身体是为顺利度过生命的艰难期而设计的。

在现代世界中，可能因为太安全了，我们变得麻木和乏味。实际上，我们一直在找刺激，寻求一些"人造的"危险。以前人们所钟爱的谋杀谜案总是始于一场令人毛骨悚然的谋杀，被这种情节勾起情绪之后，观众为找到谁是真凶而兴奋不已。现在的年轻人在现实世界中找到了自己的乐趣：十几岁就高速飙车，或者（更健康一点）去冲浪或骑山地自行车；年轻的情侣一起乘坐过山车；还有一些人迷恋极限运动或户外运动，尽管这些活动可能危及他们的生命。每个人都看晚间新闻，表面上是在接收信息，实际上只是让我们感受到自己还活着而已。关键是，我们栖居在身体中，而这具身体会对一切做出反应。

这是我们的第一课，也是最基本的课程——因为很可能直到今天，你都没有想到或做到这一点。你的身体拥有自己的生命，它一直在出色地完成工作。它为你提供了动机，不管是好是坏，也不管你是否承认，它都会影响你。它为你提供了重要的线索，引导你走向健康和活力。如果你每天都能聆听它安静而持久的声音，而不是只在它做出剧烈反应之后再去关注它，你的生活就会更加顺畅。

你的身体也是你的心智——专注的技巧

现代心理学是从一个叫卡尔·罗杰斯（Carl Rogers）的人开始的。他认为头脑和内心是不能分开的。他从前人的医学研究中总结经验，创立了我们现在所说的人本主义心理学。

罗杰斯和他的几个同事提出了现代心理咨询的理念。他知道有件事对人类健康至关重要，那就是为了度过人生中最艰难的时刻，我们所有人都需要一个能够真正深切地倾听我们，并且不会因个人观点而随意评判或中断谈话的人。如果你曾经得到过心理咨询师的精心关照，或者曾经有位医生给了你充足的时间和全部的关注，那么你应该感激罗杰斯。

有个与卡尔·罗杰斯一起工作的人决定把这项研究进一步拓展，他就是尤金·简德林（Eugene Gendlin）。在我和其他许多认识他的人看来，尤金·简德林是个天才。他是我这本书的启蒙者。

简德林和罗杰斯发现，有些人从一开始就对心理咨询反应良好，而有些人则不然。因此，他们仔细看了录像带回放，以找出两者之间的区别。他们发现那些成长、康复和向前迈进的人做了一些非常独特的事情。当心理咨询师问某些问题时，他们并没有随意作答，而是给出不同的反应——他们停了下来，然后走进自己的内心去寻找答案……

当被问到"你在生你丈夫的气吗"时，对方停下来回想，"是的，我在生他的气，但更多的感觉是绝望，比如，他还能改变吗？我感到有些绝望，也为他感到难过……"

他们不知道自己的真实感受是什么，而这恰好就是开启内心转变的关键。他们最初给的答案似乎很模糊，但是，在更多的关注下，就会突然变得清晰起来。来访者努力用语言表达，或许他们做了一些错误的猜测，又否定了这些猜测，然后突然发现答案已经浮现。他们找到了某个词或某种方式来描述自己内心真实的感受，他们的身体也因此放松下来。

来访者需要有安全感，这样他们才会诚实表达，但只有了解自己的内心，他们才能真正做到诚实。有些人一生都不会这样做。我母亲就是这样：即使在盛怒之下，她也会说自己"还好"，因为她在童年时代，从未抱怨过或表达过烦恼，更不用说生气了。那不是淑女该做的事，不是基督徒该做的事，甚至不是一件理智的事。

如果不练习进入自己的内心世界，很快你就会忘记自己还拥有它。这是一个很重要的问题。伤害别人的人一般都是无法控制自己内心的人，因此，他们试图通过伤害他人来让自己感觉更好，比如恐怖分子和枪击犯，还有暴君和瘾君子。但是也有很多人，他们仅仅是感到迷茫和困惑。缺乏自我觉察是人类最严重的残疾。

简德林知道，这种对内心的审视能力对个人幸福而言至关重要，因此，他开始着手帮助人们掌握这项技能。他有一本关于该主题的书，名为《聚焦心理》，销售了500万册。简德林相信，人类有"第二脑"，那是我们的第二意识场所，也就是我所说的超感知。对于我们生活中遇到的每一种困境，都有某种身体意识能够捕捉到，这种身体意识还可以指导我们走出困境。

如何实现聚焦？

要理解我的意思，你只需做如下尝试。让自己坐在椅子上，然后思考一下你当前遇到的某个问题。（我们大多数人都有很多问题，但是你只需要选择其中一个来进行这项练习。）也许是你担心的家人，或者是生活中遇到的一个困难。只要你在脑海中记住那个人或那种情况即可。

这样做时,你一定会觉察到在自己身体的某个地方,有一种感觉伴随着你所想的问题产生了。这种感觉很难描述,但它是真实存在于你体内的——某个地方感到紧张或感到空虚,或者感到发热,又或者只是哪里有点抽动,也可能会有一阵剧烈的痛苦。那么,就是那个地方,你已经找到了位置。(如果你感觉不到,也不要担心,对于许多人来说,可能需要一点时间来使自己冷静下来,然后才会感知到"哦,是那种感觉",甚至"没有感觉"也是一种感觉。)如果你仍然找不到,那么还有一种方法:在脑海里或现实中大声喊出与你想的问题相反的信息,例如,你遇到了某个困难,却告诉自己"我生命中的一切都很美好",然后聆听来自自己身体某处的回应:"哦,是吗?"

你注意觉察时,这种感觉将具有某种新鲜感,一种刚刚形成、正在逐渐浮出水面的东西。这是你大脑中无意识部分的活跃之处,正在与身体的生理机能一起向你发送超感知信息。简德林称这种感觉为"隐晦的界限",因为它的含义尚不明确。就像瑜伽姿势中的极限,如果你身体状况允许,就还能再拉伸一下,你的意识界限也是如此,是你作为人类正常表现的边界。

一旦你找到了那种感觉所在的位置,下一步就是"询问"那个地方,看看你是否可以描述它,以及它给你带来的感觉——犹豫、恐惧、愤怒、烦躁、孤单、失望——这种感觉可以用很多个名词来形容,而它们都要很具体。重要的是,你要用一个你所能找到的最贴切的词来形容它,哪怕只是"紧"、"空"或"缩成一团",如果这是正确的词,你的身体就会"告诉"你。这一步为你的逻辑思维提供了一个"提示标签",可以将此刻与你的超感知信息进行关联。

这几乎就像试探性地触碰你体内的某个野生动物,逐步建立关系以赢得对方的信任。如果你注意到了身体中的这个位置,那么它会很高兴你发现了它。这是最令人惊讶的部分——当你尝试命名它时,它会"告诉"你"是"或"否",或"继续尝试,已经很接近了"。当你给这种感觉命名时,它经常会发生变化,所传达的信息也会随之改变。这就是要点所在:当你倾听内心的声音时,它们会告诉你应该如何进行改变,答案可能就在那里。当你真正"接收"了信息时,即使只是默默地为它腾出空间,它也会带来变化。你会感觉到身体的变化是积极的、释放性的、充满活力的,并且你知道某些东西已经被移除,现在的你不同于以往了。

聚焦是一种微妙的技能,如果你能阅读简德林的书,或观看优兔视频网站(**YouTube**)上的演讲和示范,那就最好不过了。不过,只要往这个方向走,哪怕只是一步，也可以展开无限的可能性，因为你随时可以使用超感知实现聚焦，从而真正开始聪明地运用它指导自己的生活。

简德林相信，身心之间没有区别。我们身体的每一寸都与心智相关。神经、激素、肌肉彼此交流，它们是一个整体。我们的身体不是生物机器（就像我们被灌输的理念），而是一种源于自然的意识，由我们母亲的身体、我们所接受的养育方式，以及此后我们生命中所有的交流所塑造。[儿童广播主持人弗雷德·罗杰斯（Fred Rogers）曾让人们思考："谁是爱你本来面目的人？"]只有当你被爱和受到激励时，大脑的整个区域才会成长。这不是一个比喻。你的身体就是你的心智。我们"感知到的感觉"，也就是超感知，是我们体验的方式，而我们通过语言的方式进行思考的大脑皮质，则是一项不可或缺的辅助工具。

以上这些内容对我们来说已经足够了，但有机会的话，我希望你能更深入地了解一下这方面的知识。谢谢卡尔和尤金，你们改变了世界。

付诸实践

对一部分读者来说，使用身体意识可能是一种崭新的说法，同时这也是一个尚未被充分开发（或者根本没得到重视）的概念，因此，我将花费一些时间来帮助你开发这项技能。首先要认识到，它不仅包含有趣的身体信号，也包括具有深远意义的暗示或信号。它们不能割裂开来，因为你的身体是一个整体，它们都是需要你了解并融入日常生活的东西。

举一个实际的例子。我在写这本书的这一部分时，碰巧发生了一件事。我去咖啡馆吃三明治，之后一直在桌旁写作。能安静地坐在那里写作当然很好，但是咖啡馆的椅子很硬，很不舒服。无论我是否将注意力放在椅子上，我都觉得不太适应，或者想停下来。我的思路开始变得狭隘，逐渐枯竭。我注意到了这一点，然后做出了选择。我去到楼上，坐在了柔软的椅子上。最终，我回到了正常的状态！

（你可能不知道，有些咖啡馆的椅子形状特殊，设计得很笨拙，让你坐上去感觉很硬。原因很明显——老板不想让你留下来。一直闲坐的人们很早就喝完了他们的卡布奇诺，他们真的应该马上离开，为其他顾客腾出座位。）

说到这里，请再尝试一次。现在，坐在自己的座位上，并注意你的身体。你摆出让自己不太舒服的姿势的可能性是百分之百，因为"坐着"这个姿势其实并不符合我们的身体构造，我们需要移动一下身体以保持舒适。关键是你并没有意识到这一点，而它正在影响你的心情。深吸一口气，让你的肩膀自然下垂，别紧绷着腹部，在椅子上稍微移动一下，这样你就可以更贴合椅子。（或者，如果需要的话，可以去一下洗手间，但别只是跟风去做。）这样，你的心情就会好起来。

社交时的身体语言

为了避免我听起来像是在大力宣传屁股要坐得舒服，现在让我们将这一点带入更具启发性和有重要意义的领域。当你和家人、同事互动时，你的身体一直在实时评估情况并为你提供信息。

有很多方法可以做到这一点。同样，你可以从一个简单的，几乎可以说是荒谬的试验开始。如果你现在是一个人，请尝试喊出"是"这个字。如果可以，请加重声调，说："是！"现在，请注意你的脸部、胸部或别的部位是否还有其他感受。如果你是在火车、飞机上，或在床上躺在伴侣身旁阅读本书，你可以只是想象一下自己在进行这项练习。

尝试几次后，请再尝试说"不"这个字。带着感情说"不"，然后再次注意你的身体、面部或其他部位发生的事，包括自己的情绪或思想。几乎每个尝试此操作的人，在说"不"的时候都会有一种收缩感，而在说"是"的时候，这种收缩感会减轻并有一种舒张感。

如果你喜欢更大的挑战，请尝试以说"是"的情绪来说"不"，或者以说"不"的情绪来说"是"。（倾向于消极抵抗的读者会发现这很容易实现！）我们也可以敞开心扉说"不"。在我的第一本书《快乐童年的秘密》中，我和妻子莎伦解释了温柔地说"不"的窍门，在拒绝孩子的要求（例如，孩子逛超市想买糖果）时，这种方式减少了紧张感。面对一个说"不"的人，我们很难产生亲近感，除非他是以温柔而充满爱意的方式表示拒绝！

当你投入更多的注意力时，你会发现自己的身体在对几乎所有事物说"是"或"不"。别人在公开场合所说的每一句话，都会在你的体内引发同意或异议，都会在你体内的某处形成一种"是/否反应"。这就是你的身体与你交流的方式。首先，它要么收缩，要么放松。其次，它要么敏感，要么迟钝。（这关乎体内的微妙感觉是更高昂还是更低沉，以及心跳和血液循环的变化，还有血管的打开或关闭。）当人非常快乐时，会忍不住蹦蹦跳跳——你可以通过这种行为使自己充满活力，甚至连微笑时都会释放出血清素——我们保持健康快乐所需要的化学物质。

你的身体状态也会在焦虑的量表上波动，从受到惊吓到心情平复。如果接收到关键信息（例如，"这个人比我大还是比我小，是不是比我厉害"），它可以使焦虑转变为烦躁和愤怒，甚至会改变说话的音调。

如何实际运用这些知识呢？非常简单。你无须做任何事情。你只需要觉察，你的身心系统会完成其余的工作。暂时离开心智公寓的思考层，下到第一层，环顾四周，你就会获得更多信息，这些信息会自动改变你，无须你付出任何努力。一切将自然而然地发生。比如，你可能会意识到：这个人不喜欢我，或者我对别人找我借钱的要求感到不安，抑或我本来打算同意某件事，但是感觉不太对劲。

关注你的身体可以帮助你冷静下来。觉察到自己确实很焦虑（例如，当你准备进行演讲或者要与他人一起协商解决问题时）会大有帮助，因为无论如何这种焦虑都存在，但是现在你可以理解它了。如果你觉察到某个身体信号，只需要几秒钟，就会有所帮助。如果你感觉自己有一些焦虑症状，比如呼吸急促或心跳加速，那么请安静地站一会儿，感受这些身体信号。当你这样做时，会有一系列的反应自然而然地发生，并且似乎会增强，我们能更明显地注意到它们。这可能令人不安，但请耐心等待。一般来说，一两秒之后，它们就会开始减轻，就好像我们正在消化掉这些感觉，将其吸收进我们身体的其他部位一样。如果遇到问题，你还可以观察自己的脚踩在地面上的样子，或者感受椅子支撑着你的臀部和背部的感觉，这些可以帮助你完成这个过程。你身体其他部位的良好感受有助于舒缓这些部位的不适。

每次我演讲前，在坐着等待开始的时间里，我都会有点心慌。我会去一些安静的地方，这样就可以私下消化这些情绪。我感受到一小股肾上腺素击中了我，而我只是微笑着觉察它，因为它最终会消失。在坐满观众的礼堂中讲话自然会令人压力倍增。在舞台上演讲的时候没有肾上腺素产生，几乎是不可能的。即使演讲中出现意外——麦克风出现故障，有人一跃而起上来捣乱，甚至有人临产阵痛或者开始与配偶打架（所有这些都发生过），又或者我头昏眼花忘记了我要说的话——焦虑的感受都是一样的。你只需要去觉察它。保持呼吸。虽然一时之间会恶化，但这种感觉最终会消失。

当你在紧急情况下需要帮助他人时，利用自己的身体（到心智公寓的第一层）也是很好的选择。也许你关心的人（比如你的孩子）情绪崩溃，感到烦躁、苦恼，觉得人生没有意义。（在过去，你可能会扇他们一巴掌。）请他们坐下，并放慢呼吸。问问他们的身体发生了什么，内心经历了什么。他们会说"我的心在狂跳"、"我的胸口很闷"或"我的腿想逃跑"之类的话。回答你的问题时，他们将暂停思考，向下进入身体这一层，也会自动平静下来。这需要一些时间。他们正在感受我们所谓的"扎根"，在这种情况下，你可以和他们交谈，他们也可以更加清晰地思考。但是，除非你将他们带入累积着所有这些紧张情绪的底层，否则你将一无所获，而他们也不会感到安心。

着 陆

如果焦虑症状没有立即消失，你可以执行一种我们称之为"着陆"的操作，这实际上是通过直接的感官投入使你进入自己心智公寓的一层。首先，请观察你当前可以看到的三件东西，请注意一些细节，要真正地看到它们。然后注意两件你可以听到的东西，以及一件你可以闻到的东西。在这些东西上分别停留一两秒钟，好让自己真正地感知它们，而不仅仅是敷衍了事。然后，感受一下你脸上空气的温度。最后，以适当的方式感受一下自己双脚踩在地面上的压力。你会突然感觉到自己的存在。保持这种状态，在一两秒钟之内，这种感觉会像在体内沉淀一样缓缓下落，就像风中的树叶或寂静森林中飘落的雪花。你的呼吸会变慢，变得更均匀。你会由焦虑渐渐趋于平静。着陆是一种"急救"方法，如果能教会孩子们这样做，那会很有帮助。

焦虑——以及如何摆脱它

如你所知，焦虑是当今社会的一个大问题，原因多种多样，纷繁复杂——从肠道菌群失调到孤独症，从社交困扰到心理创伤，以及社交媒体上的吐槽和抱怨。焦虑是人性的根本问题，因为这表明我们已经精疲力竭，需要让心情平静下来。有很多方法可以摆脱焦虑。

停止信息过载

电子产品让我们着迷，欺骗我们形成于石器时代的神经系统，让我们误以为电子产品所呈现的影像、事件会发生在自己身上。

社交媒体也利用了我们与生俱来的想和外界联系的愿望，将喧嚣无情的（即使不是完全充满敌意的）一大群陌生人带入我们的卧室或客厅。我们的精神生态系统原本是由十几个成员（与我们朝夕相处的同一氏族中的人）组成的，但是突然之间，社交媒体使得成千上万的人可以评判我们。

电子产品和社交媒体剥夺了我们接触自然的机会，比如欣赏自然景象，做户外运动，静下来反思，保持平和的心态。人类是一种敏感的大型哺乳动物，这不是我们应有的生存方式。

所有这些事情都对我们产生了刺激，对成长中的孩子尤其有害。我在《养育女孩》一书中对此进行了描述：西方世界有1/5的女孩需要服用治疗焦虑的药物。男孩们的情况也差不多，他们表现焦虑的方式更有可能是愤怒。

通过以下改变，我们可以使所处的环境变得更好，更有利于我们的大脑。比如，减少刺激，重新找回生活的规律（大脑喜欢可预测性），做运动，听音乐甚至唱歌——可以帮助我们的大脑降温，因为音乐具有使我们安定下来的模式和重复的节奏。

深度策略

如果要紧急缓解焦虑症状，有两种截然不同但非常有效的方法，分别出自"人生学校"（School of life）的创始人阿兰·德波顿（Alain de Botton）和焦虑症治疗师克莱尔·威克斯医生（Dr. Claire Weekes）。

阿兰·德波顿是一个有趣的人。他认为焦虑是我们在头脑中虚构出来的，而不是现实世界中真正发生的事。实际上，这是一种分心的状态，一种无意识的情绪转移，就像车轮打滑空转而没有前进。他将这个想法转换为一个问题：

"如果目前我的大脑里没有这些焦虑的想法,那我现在应该考虑些什么呢?"

他给出了一些很有帮助的例子。"我可能会意识到自己有多么悲伤和孤独""我可能会意识到我对我的伴侣有多么生气""我可能会意识到自己有多么强烈的被抛弃感"——这三种想法,大多数人都能至少与其中一种产生共鸣。

实际上,意识到以上这些都是令人很不舒服的,很多情绪会涌现出来。但是,当你学会使用心智的四层公寓时,你很快就会发现,有情绪是正常的,情绪有自己的作用,可以指示我们该去的方向。它们不会伤害我们。(我们小时候,父母的教导通常都是"注意克制情绪",仿佛一旦被情绪所掌控,就会坠入深渊,永远爬不出来。)让我再说一遍,情绪不会伤害你,而不去感受情绪却会给你带来伤害。

焦虑就像一种慢性的低度恐惧,但你所担心的可能只是跟你自身有关的事。阿兰建议我们把焦虑换成另一种更有价值的痛苦——一种可以将我们带往某种解脱的痛苦,那就是"直面生活中真实的矛盾和复杂"。

如果上述方法对你没有帮助,那么你可能需要尝试克莱尔·威克斯的方法。许多治疗师将威克斯医生视为20世纪焦虑症研究领域最杰出的人物——她亲身体验过大部分的焦虑症。她是一位开创性的女科学家,后来成了一名医生。她曾遭受严重的焦虑困扰,但一直在积极努力地自我疗愈。她观察到，任何恐慌发作都有两个阶段。首先，在某些情况下产生恐惧感。事实上，当我们离开舒适区时，所有人都会感到恐惧——这是具有敏感神经系统的人类可能发生的一个自然现象（通常是一件好事）。但是，由于我们对情感不甚了解，于是开始陷入迷茫：我怎么了？我有心脏病吗？我会发疯吗？然后，很自然地，我们就会对这些想法感到恐惧，进而对这种恐惧感到恐慌。正是自我制造的第二波恐慌使人产生了焦虑症状。焦虑的人们没有停留在恐惧过程中，使其自然消散，而是试图通过阻止这种恐惧来消除它的影响。这就像试图通过拍打水面来使水面平静一样。

威克斯医生发现大家长久以来遵循的行为疗法是错误的。试图通过放松来使恐惧消散，而不是允许自己感受恐惧，这就意味着人们还在恐惧中挣扎。

她提出了一种新的方法，这种方法包含了四个步骤。

1. 面对它。进入让自己感到焦虑的场景（只要这些场景安全即可），不要害怕恐慌发作。实际上你需要让自己适应这种恐慌，然后发现这真的没关系。（重要说明：今天，治疗师会主张不要强迫自己进入使你感到恐惧的场景里，而是要有一个陪同者，陪你一小步一小步地进行。甚至可以一开始先想象一下这种恐惧，然后让你的身体适应肾上腺素掀起的激烈情绪。你可以使用心智的四层公寓来消化并消除恐慌。）

2．接受恐慌的感觉（换句话说，就是觉察你的身体在做的所有事情——颤抖、心跳加速、视线模糊等）。不要与之斗争，也不要担心它们。（当然，如果你正在开车或走在繁忙的街道上，你可能必须停一两分钟！）让这种感觉流经你的身体，你只需意识到这是一种纯粹的感觉。威克斯医生写道："接受，毫无疑问是最终可以舒缓症状的生理过程。"这需要时间，也需要多次体验，因为"要让这种接受的新情绪成为一种平和的状态，是需要时间的"。

3．一旦恐慌症完全发作，请你随之浮沉。她描述道，这种感觉不是紧张或变得僵硬，而是尽可能地放松肌肉，使你的身体可以"松弛"。深吸一口气，慢慢地吐出，重复几次。想象自己像云朵一样飘浮着。你不是要停止恐慌的体验，而是试图将自己从中抽离出来。

4．接下来，安静等待就好。你的身体会体验肾上腺素带来的冲动，并自然而然地安定下来。不用担心要花多长时间。这种情况将逐渐减少。

威克斯医生很清楚，这需要时间，因为这是态度上的重大改变，而且需要你的大脑重新调整以适应这套体系。担心"我的症状减轻了吗"没什么用，最好的方法是坚信"花多长时间都没关系，因为恐慌根本不是问题，而且很快就会过去"。

最后一件事：焦虑并非完全出于心理原因。

焦虑完全有可能是真实的、有害的生活环境造成的——工作中的不合理要求，不幸的婚姻，恶劣的生活环境或者没有时间或空间放松下来感受安宁。因此，正如阿兰·德波顿在开始时所说的那样，你可能会发现生活中的某些事情需要改变。焦虑并不完全是你自身的原因。

日常生活中，请经常聆听自己身体发出的信号。这很有乐趣，也很有意义，它将告诉你关于自己和生活越来越多的真相。你会注意到（然后承认）之前的隐忧早已变成严重的问题。一个个话题将被频繁提及，而每次碰到某个话题时，你可能头疼欲裂或汗毛倒竖，也可能感到身体发热、内心雀跃——并非所有话题都令人不愉快！

这些感受可以将你引向自身的"真实感觉"，让你无须顾及体面。当有人问你对某个想法、计划、决定的看法时（譬如去哪里度假，是否要购买昂贵的东西，要做什么工作，某位医生是否适合你），请让你的身体做出判断并认真采纳。你的语言习惯会改变。你也许会说，"出于某种原因，我对此感到不对劲"、"让我想一想"或者"我对这个方案不太满意，但我还不能确定，我会尽快给您回复"。

你的家人也会很快受你影响而使用这种语言。这将锻炼他们的直觉和思考能力。或许有一天，你的儿子或女儿和朋友们在阿姆斯特丹、曼谷或芝加哥度假。天色很晚了，他们都喝了很多酒，打算再接着去另一个酒吧。你的孩子会对同伴说："我真的很累，想回房间早点睡觉了。"他们从小锻炼出来的直觉，会让可能发生的意外最终没有发生。

最后提醒

最后再提醒一件事。有些人的成长环境非常恶劣，以至于完全忽视了自己的身体状态——我们以为自己没问题，但其实是已经麻木了。男人之所以这样，是因为他们从小就被教导要勇敢，而女人从小就被告知要把别人放在第一位。有时，我们甚至需要别人的当头棒喝，才能注意到我们自身的情况。

我有一个好朋友，她能敏感地意识到我的状态是好是坏。她有孤独症，总是陷入无法言表的抑郁情绪——这使她感到困惑和恐惧。

我这位年轻的朋友非常关切地对我说："你不快乐。""没有啊"，我回答，"我很好。""不，你不快乐。"经过内心的一番纠结，我承认，我确实感到有一些担忧，甚至可以说是深重的忧虑。我们开始讨论如何解决这些问题，她说："被我说中了吧！"说完，她整个人都放松下来。

实际上这就是治疗师所做的工作。在治疗师的真诚关心（润物细无声地进入患者心田）和询问之下，患者走进了内心（到达体内的知觉）并承认他们的确存在某种情况（悲伤、愤怒、害怕、激动、热恋、跃跃欲试等），然后他们就会针对这些情绪做出处理。帮助人们与自己的内在世界连接，让他们把自己的事情梳理清楚，这确实是治疗师可以为他们做的最重要的事情。

身体——反思练习 1~4

1．人们对自己身体的了解程度差异很大。如果必须选择一个类别，你觉得自己是：

A.非常封闭，对自己的身体毫无觉察。

B.大概处于平均水平，有时有觉察而非总是有觉察。

C.随时关注身体的感觉、动作、舒适度，几乎总是能够觉察到自己的身体。

我们的身体要做的关键事情之一就是引起我们的注意，因为如果身体没有得到适当的照顾，那我们将无法正常运转。有时身体通过遭受痛苦或发生我们无法忽略的某种故障，来达到这一目的。从消化不良到膝盖问题，从头痛到脖子酸痛，这些都是身体的反应。

2．当身体向你发送信号时，你会回应并做些什么吗？你累了会停下来休息一下或者打个盹儿吗？身体僵硬时会四处走动吗？还是你通常会透支自己的身体继续工作？

3．你的某些身体部位是否受伤或运行异常？周期性发作还是频繁发作？（这里必须搞清楚，产生这种情况有可能是医学上的原因。任何一种情况下，找出原因并在必要时就医都很重要。）你的身体意识可能很简单，比如注意到自己的疲劳，或者狼吞虎咽引起胃痛；也可能很复杂，比如由于小时候遭受过家庭暴力，容易胸闷和喉咙发紧。

4. 你认为自己的身体是否存在这种情况：艰难时期遗留下来的伤痛未得到适当治愈？

进入心智公寓的第三层——思考，并给自己一些温柔的鼓励。你已经解脱，并取得了长足的发展，而且你正在明智地解决生活中的问题。使用本书中的工具，你可能会发现，我们可以加快治愈和理解自己的速度，并在未来更加热爱自己的身体，更能捕捉到它透露给我们的信息。

4

The Second Floor—
Emotions and How They
Power Your Life

公寓的第二层
——情绪是如何影响你的生活的

"如果你学会让情绪去发挥作用,它就会帮你度过困境,并摆脱后续的影响,因为你会从已经发生的事情中继续学习和成长。所以情绪变化是帮助你经历事件及其余波的至关重要的过程。情绪可以帮助你重新整合自我意识,但情绪是如何起作用的?这是每个年龄段的人都需要了解的关乎自身的事情。"

1987年春天,我的妻子再次怀上了宝宝。彼时我们已有一个3岁的儿子,这是我们期待已久的第二个孩子。但在孕期4个月时,妻子突然流产。我们满怀恐惧地冲往医院。对当时发生的一切,直到现在我还记忆犹新——莎伦站在花洒下哭泣,黏稠的组织一块一块地从她的身体里流出来。我冲进去扶住她,同时试图抓住她身体里流出来的东西——这些本可能变成我们的宝宝。尽管我强打起精神,努力去安慰妻子并处理糟糕的状况,但那个场面真是太悲伤、太可怕了。那是个周五下午,我第二天还得去给一个14人的周末培训班上课。课程强度大、要求高。周末上课时,我把刚遭遇的不幸如实告诉了学生。不过我的工作是去给他们做培训,我也确实完成了。

在接下来的几周里,我变得很麻木。我们期待孩子降临的喜悦落空了。莎伦把自己封闭起来。我想跟她沟通的时候,她总是拒绝。时间仿佛凝固了,生活变得灰暗。有一天下午,我去了建在我们农场里的研讨室,那是一个像小礼拜堂一样美丽的地方。我从琴钩上取下吉他,盘腿坐在洒满阳光的地板上。我随意拨弄着琴弦,让音乐自然流淌。我弹起由梅拉妮·萨夫卡(Melanie Safka)翻唱的滚石乐队的歌曲《鲁比星期二》(*Ruby Tuesday*),轻轻地唱着:"在明亮的阳光下,或在黑暗的夜里,没有人知道,她来了却又走了。"

我忍不住放声大哭,泪流满面。我趴在吉他上,脑袋几乎垂到地面,哭到身体抽搐。我知道,这首歌的歌词原本描述的并不是我们的处境,但心智是很奇妙的,那时我终于反应过来自己失去的是什么:我失去的是女儿。悲痛如此沉重,而我之前却全然不知。

写到这,即使30年过去了,我仍能感受到那些情绪。我感谢自己能够释放并驾驭情绪,不再继续消沉。我现在有一个很棒的女儿,我和莎伦也学会了相伴共度困难时期。我还学会了一些帮助悲痛之人的方法。我的书《男性的品格》就是创作于那段时间,这本书帮助很多人完成了治愈之旅。显然,手边随时有把吉他,或者至少有首歌,是有好处的。

对人类而言,情绪就像呼吸或行走一样重要。我们所有人时刻都在感受着情绪。新的研究表明,即使是我们的梦(往往非常情绪化),也起着舒缓、化解焦虑和恐惧的重要作用。情绪是"内心对外界发生的事情所做出的反应",目的在于帮助我们面对异常紧张的情况(无论是好是坏),让我们恢复平静。令人惊讶的是，直到近来才有人（包括许多精神科医生）真正了解我们为什么会有情绪。几百年来，欧洲文化（如英国文化）里曾有人尝试去过没有情绪的生活，结果表明那样会非常痛苦和无聊！

情绪是我们活力的源泉，是意义所在。谢天谢地，最终我们学会了拥抱情绪。本章将带你进入活力四射、五彩斑斓的舞池——心智四层公寓的第二层，这是心灵的栖息地，是生命力爆发、释放的源头。

情绪如何起作用？我们为何会有情绪？

很多人会把情绪当作问题看待，但和情绪成为朋友能够让我们了解情绪的作用。

想象一下，你的一天通常这样开始：起床、吃早餐、吻别心爱的人，然后出发去工作。很快你就开着汽车飞驰在路上，陷入沉思。突然，你的目光被前面的东西吸引，迎面车道上有一辆汽车不知怎的忽然失去了控制，轮胎发出刺耳的摩擦声，打着滑冲你驶来。

你身上的每一块肌肉都绷紧了，于是你马上踩刹车，瞪大眼睛，飙出一连串脏话。真的无处可逃了，你只有思考的时间了。哦，不！紧接着，即将与你迎面相撞之时，对面的司机奇迹般地突然转回到自己的车道上，你的车和他的车毫发无伤地擦肩而过。尽管你吓得瑟瑟发抖，还是设法继续开车去上班，到了公司后仍然胆战心惊，连咖啡杯都拿不稳。

这个故事的奇怪之处在于，从结果来看，什么都没有发生，你没有死，甚至连车子都没被剐蹭。但你的心理产生了变化。你的大脑注意到你可能会死亡或受重伤，你的生活可能发生永久性的改变。面对死亡的威胁，你不得不立刻采取行动，这已经超出了你平时的经验。然后一切结束了。

但现在你身体里有残留的"电流"需要处理。记住什么是情绪——情绪是内心对外界事件产生的变化和反应。这是必要且有用的改变。就像一道闪电击中了你，现在你体内还存留着那种电流。（这实际上是肾上腺素、去甲肾上腺素、皮质醇或内啡肽等激素在激增。不过我们将继续用电流来比喻，因为这感觉就像你的情绪带着电流！）

因为根本没有撞车，也没必要采取任何措施，所以你处于一种奇怪的状态，你身体系统里的能量突然过剩，且无处可去。当你开始工作时，你很可能会试图通过交谈来释放这些能量，告诉同事"你想象不出来刚才我发生了什么事……"。回到心爱的人身边，你可能会告诉他们详细经过。如果你是一个情感外露的人，而周围也都是值得信任和关心你的人，你可能会突然大哭，或要求他们抱抱你，你会哭到浑身颤抖，从而释放身体里积蓄的"电流"。一整天你都会一点点地释放身体被"闪电"击中之后残留的电流。

如果你不这样做，或者没机会这样做，"电荷"就会留在身体内，它还会加重其他你可能未曾释放的情绪。这种未表达的情感一旦积累起来，就是通常人们所说的创伤后应激障碍，这是创伤消失后留下的压力。不过奇怪的是，人类天生就能够应对创伤。我们祖先的生活条件往往非常恶劣、变化剧烈，所以我们进化出了能够通过释放情感来应对创伤的能力。在许多文化里，发生不好的事情后，人们会哭泣、喊叫、互相安慰，他们比我们更能袒露心扉，因此能应对很多艰难处境。古老的文化也创造了相应的时间和空间，让人们有机会那样做。

创伤后应激障碍不是创伤的自然结果，而是当严重的事故接连发生却没有机会治愈时才会出现。我们的文化未曾关注这一点，导致创伤后应激障碍已成为影响几百万人的一个重大健康问题，且往往发生在那些从事最有价值但也最危险的工作的人身上，如急救人员、士兵、警察、记者、医生和护士。多年来，这些从业者的职业文化要求他们保持情绪稳定，结果显示这会带来糟糕的后果。从毛利人到希腊人，古代文化里都有专门的典礼和仪式，来帮助他们的战士恢复正常的人性。而我们的文化只提供了啤酒。

为了防止创伤后应激障碍发生在自己身上，你首先要记住，情绪是自然的，而且是必要的。让我们回到前面的例子。你的车在即将撞向对面的车时紧急刹车停了下来，那辆车里的几个青少年下车嘲笑你胆小，你很可能会气得一拳打爆他们的车灯。这么做会让你好过些，因为这样释放了你身处危险时产生的愤怒。愤怒是使人变强大的必要条件，愤怒也需要被关注，我们所有人都需要随时储备一点愤怒。如果真的撞车了，那时也需要你有情绪。你的车被撞了并且起火时,你可能需要从汽车残骸中挣脱出来,跑到安全的地方,或者为那些受伤或被困的人寻求帮助。肾上腺素会让你异常强壮和迅捷。恐惧会成为你的朋友,在你去做必须要做的事时赋予你能量,让你"感觉不到疼痛"。

最糟的情况是,假如你作为一个无辜的旁观者目睹有人被杀,那么等你到达办公室时心情就会完全不同。震惊、悲伤和其他滞后出现的情绪会让你难以工作。你可能需要回家,还需要接受心理辅导。

但是(我知道这是一个极具挑战性的想法),如果你的身体能将整个可怕的事件处理得当的话,这件事最终会成为有用且积极的经历,甚至会让你成为一个更强大、更善良和更有智慧的人。当我的来访者即将从很严重的事件中得到治愈时,他们经常告诉我,自己并不后悔发生过的事情,因为通过这样的经历,认识、理解了人生。事实上,这也是说明他们痊愈的一个很好的指标。

创伤后的成长

生命何其脆弱,死亡总是近在咫尺。领悟这个道理能让你明智地面对生活。我的一个朋友是著名的记者,他曾对有过几十次噩梦般的经历感到自豪,直到有一天,不可避免的事情发生了。侵入性的思绪、噩梦、无法控制的愤怒、排山倒海的内疚和恐惧——各种焦虑症症状暴发，击垮了他。即使在最好的治疗机构，他也无法找到所需的帮助，于是他开始自学创伤治疗。

他这样做是因为如果不自我治愈，他将无法继续扮演好父亲或丈夫的角色，而且很可能会结束自己的生命——他已经时常考虑要走这一步了，因为症状实在太折磨人了。他开始意识到，有一个境界超越了世俗，但那不是"常态"。这是在精神和认知上朝着成为更完整的人所跨出的一步，佛学老师斯蒂芬·莱文（Stephen Levine）称之为"在地狱里打开心灵"。你明知事物的真相，但仍然选择去相信、去爱、去信任。这并不容易，但这是事实。

治疗师把这称为"创伤后的成长"。我给我所培训的治疗师传递的第一个信息就是，不要再对受过创伤的患者进行病理检查，不要仅仅把帮其"恢复正常"作为目标。恢复正常只是安慰奖。如果你有过一段肝肠寸断的经历，就绝不该把时间浪费在"做回原来的你"上。事实上，你也做不到。努力向前，让这段经历带你走向更高的境界。经受苦难的全部意义，就在于让你变成一个深切关心他人并对活着充满感激的人。

如果你学会让情绪去发挥作用，它就会帮你度过困境，并摆脱后续的影响，因为你会从已经发生的事情中继续学习和成长。

所以情绪变化是帮助你经历事件及其余波的至关重要的过程。情绪可以帮助你重新整合自我意识，但情绪是如何起作用的？这是每个年龄段的人都需要了解的关乎自身的事情。所以，接下来我将介绍"四大情绪"。

四大情绪

几乎所有哺乳动物都有情绪，而有些情绪（如悲伤和懊恼）只属于有记忆能力的高级动物（甚至大象和类人猿也会感到悲伤）。情绪其实非常简单，就像原色一样，人类情绪的每一种色调和明暗度都是由少量的基本情绪混合而成的。人类只有四种基本的情绪：快乐、愤怒、悲伤和恐惧。人类的其他一切复杂情感，如嫉妒、怀旧、羡慕，当然还有爱，都是这四种情绪的混合。混合而成的复杂情感会把我们拉往不同的方向，让我们很难去深究这些情感的底色。例如，嫉妒是愤怒和恐惧的结合，但愤怒传递前进的信息，而恐惧则要求人后退。因此，当这两种情绪混合在一起时，几乎总是一场灾难，也就不足为奇了。如果我们嫉妒，那么最好把恐惧说出来，然后再想办法去解决。情绪混合之后，其中一种就会成为主要情绪。只要驾驭住主要情绪，你就有可能找到解决方法。

一个好的治疗师要做的，就是帮你将这些复杂的情绪复原到它们的原色，然后逐一解决。这是个不错的方法，可以用来处理任何让你感到不安或心烦的事。坐下来，把感受写下来——在这种情境下，你为何伤心？你为何生气？你在害怕什么？你对什么感觉良好？这种思考通常会带来让人惊讶的深刻见解，也会让人得以宣泄，也可能会让你知道下一步该做什么。通常这四种情绪中，有一种情绪会比其他情绪来得更强烈，而它就是首先要去处理的情绪。接着也许另一种情绪会更明显地浮出水面。情绪一旦得以厘清，就会开始自我整理、平衡抵消，你会逐渐解开自己的困惑。接下来的内容会向你展示这一点。

我曾经观看过我的老师罗伯特·古尔丁（Robert Goulding）和玛丽·古尔丁（Mary Goulding）实施一些很棒的疗法。一个年轻人谈到，他害怕向潜在的伴侣展示真实的自己。当被问及原因时，这位年轻人说："我害怕被拒绝。"70多岁的玛丽老师回答："但是如果她不喜欢真实的你，你就赶快离开，你可以跟她说再见，然后再找下一个！"看到年轻人理解了她的话时，她笑了："这个世界上正在努力寻找好男人的积极热情的女人多着呢！"随后她转向观众，女性观众正在频频点头微笑。

每一种主要的情绪都有其作用，让我们从最简单、最原始的情绪开始分析。恐惧可以让我们变得安全，因为它阻止我们去做危险或致命的事情。如果我们能够脱离危险，那么情绪的问题就会自然得到解决。如果我们持续感到害怕（必须面对一些事情时），就需要别人的支持。拥抱是个很好的开始，因为拥抱可以让我们的身体感到安全，可以让我们知道自己有盟友和援军。接着我们的大脑就开始运作了——我们需要获取信息，制订计划，对思维结构进行重建以应对正在发生的事情。放慢脚步，把事情想清楚，当我们让一切各就各位、心无疑虑时，恐惧自然会消退——它完成了自己的任务。

愤怒也是非常直接的情绪。愤怒的作用是赋予我们能量，让我们保卫自己的空间、坚守自己的阵地、防止自我认同感被吞噬。我们需要给愤怒的人一定的空间，让他们的信息被听见、被认真对待。但这不意味着允许恐怖和暴力——我们后面还会进一步讨论这一点。

控制愤怒的关键在于让自己及时地大声说出愤怒，而不是等待情绪积累。有经验的家长会装作很生气，提高嗓门或者尖声说话（并非真的带有敌意），让孩子知道自己做错了。孩子会在两个层面上感觉到家长的怒气，大脑说"我们最好快点"，超感知也会让他们感到紧迫。当被要求想象愤怒的人是什么样子时，大部分人想到的是一个红着脸的男人，气势汹汹，充满威胁。但这是一种功能失调的愤怒，是被误用的愤怒。对于一个心理健康的人来说，愤怒是可以大方地、清楚地表达出来的，而且不会危及他人。愤怒只应该用来建立界限，而这一点可以通过很冷静的方式做到。

悲伤更为平缓，也更为深刻。悲伤的作用在于，当我们别无选择，只能对殊为珍贵的人和事放手时，它能让这个过程变得容易一点。同样，释放悲伤通常是从能够谈论令我们感到悲伤的事开始的，在我们挣扎于放手的痛苦时，在我们让悲伤流淌出来时，如果有个信任的人在身边，甚至拥抱我们，就会让这个过程变得更容易。我们在正常生活之外，有很多时间去悲伤和反思。神奇的是，哭泣这一行为会在我们体内释放可以减轻痛苦的激素，有助于治愈因失去某人或某物而产生的强烈的精神痛苦。哭不是问题，而是解决问题的方法，这意味着情况开始好转。

不过，如果悲伤是难免的，那么还有些事情可以转移悲伤。跳舞、听音乐、远足、花时间反思，这些都是有益的途径。最糟糕的事情莫过于麻痹自己。没有什么比为逃避悲伤而酗酒、吸毒或进行任何上瘾性的活动更能扰乱悲伤的正常排解过程的了。我们必须面对悲伤。悲伤是需要很长时间来解决的情绪，这涉及重新连接大脑的大部分区域，以适应我们遭受的损失。悲伤的回报是使你成长，而不是让你变得脆弱。我们不应该只知道盲目地往前冲，那样会让我们失去一些东西。当我们悲伤时，我们会把失去的那个人或者那个场景的一部分珍藏在大脑里，贴上"失去但没有忘记"的标签，变成我们珍藏的记忆。这些记忆会成为我们生命的一种寄托。当我们想起生命中曾经拥有过的那个人，这些记忆就会变成我们的财富，让我们心怀感恩。和其他所有的情绪一样，悲伤会如潮水一般涌来，而起伏的浪潮最终会平静下来，变成荡漾的柔波，提醒我们自己仍然生动地活着。

最后一种情绪是快乐。快乐到底是什么？快乐，无论是何种色调——兴奋、愉悦、欢欣、满足，都能让我们为生活喝彩并心存感激。无论何时，我们都应该找到表达或感受快乐的方法和机会，跳舞、大笑或者只是静静地关注这个世界的奇妙。快乐让我们的身体充满激素，能增强免疫力、治愈损伤、帮助大脑成长,所以快乐还需要什么理由吗?

情绪是强烈的生理状态,强烈到我们可以深刻地感受到它们。情绪既是我们需求的指南针,也是带领我们达到目标的动力能源。没有"负面情绪"一说——情绪都是为了帮助和保护我们,使我们的生活充满活力。没有情绪,我们会很无聊。事实上,如果没有情绪,我们根本无法生存。著名神经科系统学家安东尼奥·达马西奥(Antonio Damasio)发现,当人们无法感知自己的情绪时(由于大脑意外损伤或经历手术),虽然智力可能没有受损,但很难做出决策并有所行动。达马西奥讲述了一个悲伤的故事:一位著名的科学家因为脑部有肿瘤,不得不切除大脑中掌管情绪的部分。后来,他的同事发现,一些微不足道的小决策都会让他不知所措,比如去哪里吃午饭。情绪帮助我们做决定。这种决定是隐性的,体现在我们的说话方式里,比如,"我'想'去散步,我'感到'焦躁不安"。情绪让我们知道我们珍惜什么。与我们的理性思维共同发挥作用,可以使情绪在某种程度上更完整、更明智。不过,情绪也会失控,使得我们的思维信马由缰,所以我们绝不能任由情绪来掌控自己。(稍后会详细介绍。)

一个悲伤的孩子

生活往往很难,总有一些事情让我们感到悲伤、害怕或气馁。有时候,从爱我们的人那里,我们最需要得到的只是他们的理解和陪伴。

一天早上，在操场上，5岁的达赖厄斯看起来很孤独，贾内尔老师走到他身边。

"达赖厄斯，你今天还好吗？"

"我有点难过，老师。"

"你为什么难过？"

"我想我妈妈。"

贾内尔的心揪了一下，因为6周前达赖厄斯的妈妈因病去世了。学校知道后，一直在密切关注这个小男孩的精神状态。贾内尔知道如何不让身体受到情绪的影响，她站稳脚跟，深呼吸，然后低头看着小男孩的脸，问道："你今天想妈妈的什么？"达赖厄斯立即回答："如果我的手受伤了，她会亲一下，让它好得快一点。"贾内尔微微向前一步，靠近他，说道："你想让我亲一下你的手，让它好得快一点吗？这会对你有帮助吗？"达赖厄斯什么也没说，只是举起了几分钟前摔倒擦伤的手。贾内尔看着达赖厄斯的眼睛，轻轻地亲了亲他的小手。"谢谢老师。"达赖厄斯说完，就马上跑去找其他孩子了。

贾内尔很清楚这些事至关重要，她知道巨大的悲痛实际上是由许多小悲伤组合而成的。每个小悲伤都需要时间去感受、了解和关心。不是所有情绪都能被修复，但所有情绪都可以被接住、被承认，得到应有的关心。情绪天生就会自我修复，但要让一切顺利进行，还需要其他人的关心。让某人振作起来，告诉他不要那么想，或者急于解决一些根本无法解决的问题，这些都会阻碍治愈的过程，反而让治愈变得更难。人们可以处理好可怕的事情，但前提是周围的人能接受他们那些强烈的情绪，并陪伴他们。

区分情绪

情绪始于身体，但它们比心智公寓第一层的感觉更明确具体，发展得更成熟。你女儿的胃痛可能只是因为消化不良，但也可能意味着她在学校被欺负了。她很害怕，但不知道该怎么告诉你，她需要你帮她慢慢弄清胃痛的真正原因。为人父母很大程度上是在帮助孩子处理他们的情绪——并非要一直帮他们解决情绪问题，但要倾听、关心和包容他们的情绪。

情绪是身体感觉的集合。例如，咬紧牙关、感觉燥热、紧绷肩膀、血液冲往头顶——身体经常会同时有这些感觉，它们一起释放一种明确而独特的信号：情绪。在刚刚描述的这种情况中，表现出的情绪就是愤怒。

情绪是一个过程，是有所指向的一种警示。如果你陷入了某种情绪，那一定是哪里出了问题。针对这种情绪做充分的探讨总是有帮助的，然后你的超感知就能为情绪找到一条出路。要注意情绪在身体的哪个部位——通常是在某个具体的部位，往往也会分散在好几个地方。我们的悲伤经常作用在眼睛或鼻窦里，愤怒作用在肩膀或下巴，而哀愁作用在腹部。但这不是固定的，因人而异。

我十几岁学习空手道时，教练给我们展示了一种特殊的握拳方式，可以有效地发挥作用。当我受到威胁时（脸书上出现一个不友善的帖子，在我的世界里就是最糟糕的事情了），第一个迹象就是我会不自觉地攥拳，我的手似乎能比我更早地意识到我的怒气。

每种情绪都有一套完全不同的身体信号。在电影《拯救大兵瑞恩》中，有一个令人难忘的场景：邮差骑着摩托车给一座偏远农舍送电报。导演史蒂文·斯皮尔伯格从远处拍摄了这个场景。画面寂然无声，看不清任何人的脸庞，只有一个系着围裙的女人走到门廊前，拿起电报，看完后崩溃地跪在地上。你只需看到这个场景就能知道发生了什么事。悲伤的表现对人类而言是原始、共通的——号啕痛哭、牵动腹部的抽噎、泪水从眼中流出、身体蜷缩向前弯曲或倒在地上。悲伤是一种牵动全身的体验，只有屈从于悲伤，让悲伤完成其使命，方可克服悲伤。

罗杰斯先生的信息

如果你是在英国、澳大利亚以及美国之外的任何其他地方长大，那可能欣赏不到一档名为《罗杰斯先生的邻居》（*Mr Rogers' Neighborhood*）的儿童电视节目。这个节目持续播出了33年，陪伴了一代小孩成长。

弗雷德·罗杰斯的工作被拍成电影《邻里美好的一天》（*A Beautiful Day in the Neighborhood*），由汤姆·汉克斯主演。网飞平台（Netflix）上还有一部广受好评的感人纪录片《与我为邻》（*Won't You Be My Neighbor？*），讲的是同一个故事。哪怕只观看其中一部，你也能学到很多做人的道理。

那时，罗杰斯刚刚成为长老会的一名牧师，同时还兼做一些与音乐有关的工作。他第一次看到电视是1951年时在母亲家里，他为当时儿童节目里缺乏对人性和尊严的尊重感到震惊，当然，现在情况也并未得到改善。

罗杰斯与同时期的儿童心理学家合作，制作了一档关于情感、与人相处以及自我价值的日播电视节目。新奇有趣的木偶、适合孩子的舒缓节奏以及罗杰斯本人温和的形象，使得这档节目成为电视史上最成功的节目之一。

他所传递的信息是任何年龄段都适用的心理健康的基础。

1. 关注和你在一起的那个人，全心全意地和他相处。（罗杰斯虽然出现在荧幕上，却有一种特殊的魔力，孩子会以为他是在对自己一个人说话，他会停顿片刻，让孩子理解他说的话。他满面笑容，温柔地散发着善意和尊重。你能感觉到他内心也有一个害羞的小孩，他在人与人之间的联系中发现了乐趣，并把这种乐趣传递给你。）

2. 世界上的每个人，无论是婴儿还是杀人犯，都需要无条件地被爱（罗杰斯很清楚谋杀或者恐怖暴力事件的根源何在——因为施暴者没有得到他们所需的爱，所以觉得必须干点"大事")。只有当我们感到"真实的自己"被爱和被重视时,我们才能展现出应有的样子。无条件地去爱孩子,才能让他们自由成长。

3. 我们内心都有一个害羞紧张的孩子,很容易害怕或生气,需要通过别人的帮助来应对自己的情绪。"你如何处理内在的混乱?"这是节目的一个固定主题,也是节目中最令人难忘的一首歌的名字。罗杰斯注意到,那些迷恋玩具刀枪的孩子(或许可以加上那些同样喜好刀枪的政客和独裁者)惧怕自己被视作脆弱的人。他会告诉这些渴望变强大的小男孩,他们的内心是坚强的。能够表现出脆弱,和值得信任的人谈论自己的感受,这本身就很勇敢。

4. 生活中的悲伤和哀愁是完全正常且难以避免的,最终它们会消退,快乐会回来。那个时代的悲伤可能令人无法忍受。(许多观看他节目的孩子都失去了父母,离婚也是他经常谈论的话题。当然,那个时代也有很多孩子身患不治之症,但生活中没有什么是真正无法面对的,也没有什么是超出人性层面的。)罗杰斯明白,是人与人之间的联系让生活中的苦难变得可以忍受,所以我们必须和孩子谈谈他们的感受。简而言之:"只要是能说出来的,就是可以掌控的。"其实没有那么难,只要你准备好,一切跟随本心。

5. 最后,我们成年人有一项非常重要的任务——我们必须与世界上会永远存在的对儿童的遗弃和虐待做斗争。我们必须保护孩子的童年,这样他们才能长成应该有的模样。

我们为何觉得情绪难以应对？

如果情绪如此简单，那为什么我们还会有这么多的烦恼？答案并不神秘。20世纪——尤其是前半个世纪——发生的事简直像场噩梦：两次世界大战、大规模的经济萧条、世界各地的大规模难民潮。我们的祖父辈经历了巨大的创伤，因此他们通常会关闭所有的情感来保护自己——在紧急情况下只能这样做。然而，他们的情绪后来再也无法复原。他们不知道我们现在所谓的"情感触发点"是什么，所以他们无法理解孩子所表达的情绪，如果孩子有情绪，他们只会惩罚孩子。我们的父母一代就是由这样的父母抚养长大的。虽然他们所受的影响已经开始消退，但许多家庭仍潜藏着各种危险，有酗酒、暴力行为的父亲，或根本无法应对孩子情绪的母亲，儿童性侵也时有发生，但很少有人去谈论。所以对于我们的上一代人来说，只要我们显露出情绪，他们就无法接受。如果我们感觉不好，并告诉父母，他们可能会让我们更不好过，然后我们糟糕的感觉就会变得更严重。

展现内心真实的情绪容易受到伤害。你可能会遭到奚落、厌恶、轻视，但也会有人关心你，想帮助你。不表达情绪，别人怎么可能了解你？著名演讲人布琳·布朗（Brené Brown）对这一点解释得很好：如果你不能表现自己的脆弱之处或者不去冒险，那么什么好事都不会发生在你身上——你会没有爱，没有亲密关系，没有信任，没有创造力，没有真正的快乐。花一分钟让自己接受这一点：没有脆弱，生活中就不会有好事发生。所以，能够说出自己的感受是非常重要的，无论刚开始有多不适应，慢慢都会得心应手。

为何悲伤不是道别？

有时候，一个起初奏效的方法可能会反过来阻碍我们继续前进。"了结"这个概念就是一个很好的例子。

20世纪70年代，瑞士裔美国精神病学家伊丽莎白·库伯勒－罗斯（Elisabeth Kübler-Ross）勇于挑战她那个时代关于死亡和临终的信仰。现在看来很难相信，就在上一辈人生活的年代，医生和家属都会对患者隐瞒他们真实的癌症病情。几百万患者就在掩饰、困惑和情感隔阂的痛苦中度过了人生最后的时光，因为他们没有被告知得病的真相。

我还记得我一位年轻来访者的不幸经历。她来澳大利亚工作两年，远在家乡爱尔兰的她深爱的哥哥患了癌症，还是晚期。嫂子和医生没有向任何人透露他的病情。所以，当我的来访者得知哥哥去世时，深感震惊。她没有机会跟他说再见，甚至来不及飞回家参加他的葬礼。

库伯勒·罗斯彻底改变了这种情况。她让世人相信，多花时间陪伴临终之人很有必要，这样做是有好处的，可以好好告别，说出未了的愿望。悲伤也是自然且美好的，悲伤是释怀的必经阶段。终有一天悲伤会结束，烟消云散。痛苦终会了结。

如今，我们已经承认了结束的意义和价值。今天，医院允许失去孩子的父母久久地抱着他们死去的孩子，端详他的手指、小脸，抱着他的身体哭泣。人类最深切的悲伤就这样得到了缓解，一天或者一周过后，父母开始能够接受孩子离开的事实，通过释放情绪，他们挺了过来。

允许他们自己去感受，他们就能安然地走出悲伤。

结束并不代表遗忘。因此，"悲伤的阶段"也并不意味着悲伤会有结局，甚至也不意味着我们希望它有结局，否则就是严重误解了人类之于彼此的意义。我们不是用后即弃的物品。一段关系不会因为一个人肉体的消逝而结束。

所以我们需要问一个根本的问题——也许悲伤根本不是放下的过程，而是将一个人融入自己的内心的过程呢？你可能爱了一个伴侣或朋友四五十年。他们极大地丰富了你、安慰了你、爱护了你，而你对他们亦是如此。这当然对我也适用。我的伴侣莎伦送给我的最重要的一份礼物，就是让我成为一个更好的人。通过学习与她相处，倾听她的经历，与她一起在无数的危机和困境中成长，互相扶持，我变得不再像以前那样浑浑噩噩、萎靡不振。如果她比我先离开人世，我会想忘记她吗？会想要了结吗？当然不会！

那些融入我们生活的人去世后，与我们的对话还会继续，而且会更完善和深入。我们以惊人的方式在彼此的意识里纠缠，这意味着在我们以后的生活和成长中，我们与死者的关系也会继续存在和发展。许多电影都探讨了这一概念，因为从神经学的角度来说，感到关系持续存在是说得通的。

单凭这个原因，就值得我们在几个月甚至几年的时间中带着回忆生活，去感受失落、去反思、去理解消化；在繁忙的工作和生活中留出时间，去海滩散步、独处、写作或创作。这样我们就可以把那些珍视的人铭记在心。

如何应用你的情绪？

情绪是一种现实的、此时此刻正在发生的现象，你可以学会更舒适地去感受它。

如何应用你的情绪？在你生活中的每一天，在任何情况下都要尽可能地去多应用情绪。就像前文所说，你要聆听身体，有时你肯定会发现一些强烈的、不愉快的感觉难以消散，且似乎正在加剧。这是你意识的预警系统在告诉你，你的精神世界或外在世界里有需要你立刻注意的事。

例如，想象一下有人已经连续两次让你失望，现在好像要再一次让你失望了。当你关注这一事实时，你感到身体有些微热，可能还会觉得肩膀有点紧绷。是的，你生气了，这点讲得通——他不尊重你的需求或界限，你是时候做出改变了。你可以告诉他你的感受，你为什么生他的气以及他的行为如何影响了你。心理学家托马斯·戈登（Thomas Gordon）把这称为"我之声明"，就是使用这样的句式："当你……的时候，我觉得……因为……我想让你……"大吼大叫也是有效的，但传达不了多少信息，还容易让对方产生戒备心。

对任何关系，我们都必须去尝试建立界限。让你生气的人要么会表现出羞愧和悔恨——你的超感知会觉察到，他是真的想要改变；要么会表现得古怪油滑——这样你就知道以后不要相信他了。无论他是何种表现，都会让你变得更好，因为你的情绪会因他的表现而有所缓解。

一旦你去思考愤怒，愤怒就可能会以不同的方式呈现。你可能会觉得你们之间的关系对你来说并不重要，你还有别的选择。你也可能会找朋友倾诉。最重要的是，你不会再信任这个人了。这个决定实际上利用了愤怒带来的能量，筑起了一道藩篱，切断了一段关系。它让你的生活变得更好。"格式塔疗法"①的发明者弗雷德里克·皮尔斯（Fritz Perls）说，即使是吃根胡萝卜，也要有气势！

群居的企鹅会明确划分巢穴范围，人和人也是这样，只有表现出坚决的态度，别人才能明白不能干扰我们。即使最亲密的关系也需要有界限，真正的亲密只有在我们清楚地划定界限

---

① 格式塔疗法（gestalt therapy），由德国精神病学专家皮尔斯所创的一种治疗体系，以促进当事人的自我觉察为主要目标。——编者注

时才可能实现。所以，如果你和所爱的人发脾气，不要感到愧疚，专注解决此时此刻的问题。不要说"你总是……"或者"你从来没有……"，这会模糊焦点，要用"现在……"作为开场白来表达你的愤怒，这样才能解决问题。你可以对某人很忠诚、很崇拜，但你还是可以说"现在"你发现他非常烦人或令人难以忍受。人际关系就是这样。

我们不要受控于情绪，被它牵着鼻子走。耍脾气是小孩子的行为，而我们应该学习更好的表达方式。如果你觉得愤怒，或者别的情绪过于强烈，你就要将情绪引导到安全区域，释放出来。此时你要让人们知道，你需要多花点时间来解决你的感受。用超感知找到进入情绪的通道，找到情绪的根源。当你变得更理智、头脑更清晰时，再重新去讨论让你产生情绪的话题。这是可以实现的——我们所有人都可以学着在生气的同时仍保持高度冷静、头脑清晰。

如果不是真的愤怒

我们需要明白一件非常重要的事。那些经常生气的人，比如婚姻中表现得暴力或控制欲强的伴侣，通常不是出于愤怒，而是出于恐惧。他们童年时很可能有过被遗弃或被虐待的经历，所以他们很小的时候就会随时感到恐惧，并用愤怒来掩盖恐惧。当然，愤怒是我们表面看到的全部，所以没有意识到愤怒从何而来是很正常的，他们自己也很可能完全没有意识到这一点。

在得到帮助之前，他们都会因愤怒而变得很危险，因为人们对愤怒情绪的反应会增加他们潜在的恐惧，进而转为更强烈的愤怒，形成恶性循环。我们迫切需要为这些人提供更多的帮助，越早越好。

因为这种情况在男性中更为常见，所以我们需要首先理解男性的侵略性源自某种受惊吓的经历，有针对性地提供心理治疗，帮助他们接受和处理童年的创伤，而不是让那些创伤影响到现在他们生活中的人。

我们从小就被教导做和善的人，因此变得越来越没有脾气。我人生的大部分时间都很平静，很少发脾气。20世纪80年代，我和莎伦以及一群朋友在我们当地建立了第一个青少年服务热线，旨在防止年轻人自杀。我们召集了一批出色的志愿者，并进行了密集的培训，但我们还需要启动资金。为了筹集资金，我们承包了一个民谣音乐节的门票售卖和安保工作。连续几天几夜，我和一群大多不到21岁的年轻人在几个场地间来回穿梭，一起准备迎接大量的观众，包括摩托车帮派和醉汉们。在我们忙得热火朝天时，我的主要合作伙伴——一个鼓励我开创服务热线项目的好朋友，带着一群我不认识的朋友来找我。他跟我解释说他想去听音乐会，不想困在这里帮忙售票或是照看我们的团队。

那时我大约25岁，和现在完全不同。我只是点点头说："哦，好啊，没问题。"我没有说他们那样做会让我的压力和责任倍增，也会让跟我一起干活的那些年轻人感到不安。我就那样让事情过去了。现在我觉得难以置信，我那时竟然如此软弱。过了一段时间，发生了一件非常有趣且有象征意义的事。一个小孩的风筝卡在了我们农场的树上，我那位朋友也在，他扶着梯子，我爬上去把风筝拿回来。梯子开始滑动，他没有把梯子抵住，往后退了几步，任凭梯子倒下。我只有跳下来，才避免跟梯子一起摔倒在坚硬的水泥车道上，把四肢摔断。我那位朋友真是让我体会到"彻头彻尾的失望"。

从那之后，我就不再跟他来往了。经过多年的治疗（心理剧①、格式塔理论、瑜伽按摩、会心团体②和家庭疗法培训），我终于理解了自己当时的愤怒情绪！虽然我当时没有爆发（也许我本该爆发的），但这些治疗手段让我发掘出重要的东西，获得了积极正面的影响——我发了一封邮件解释为什么我和他绝交，之后就再没见过他。

愤怒的第一个功能就是自我保护，而在人际关系中，它还有另一个维度，那就是意味着你在乎。如果有人（无论是朋友还是伴侣）对你很生气，那就意味着他仍然在乎你，仍然认为你们的关系值得他投入精力。当我们有时必须放弃某件事的时候，我们对这件事的情感也会随之消失。这样做可能是正确的选择。虽然有些悲伤，但我们会继续生活下去。

---

① 是通过角色表演以澄清当事人内心冲突的一种治疗方法。——编者注
② 强调对个人体验的觉察和关系卷入的一种个人成长小组。会心团体咨询中的成员相互尊重、信任，建立起来的良好关系可以使参与者不受防御机制阻抑地揭示自己最核心的情感，即真实的自我。——编者注

不要被你的情绪支配

情商的核心是了解自己的情绪并充分感受它们,但不要误认为它们是你的整个自我。不要困在你心智公寓的任何一层。每个人都认识这样的人,他们的一生都充满了情绪,我母亲形容这样的人像鸟一样扑腾个没完,他们往往能力不足,通常也不是很聪明,他们把愤怒当作一种生存之道。这些人感受到的太多,因此需要进行更多理性思考。(当然,有些人思考得太多,因此需要更多地去感受。弄清楚自己是哪种人,将会给你的人生带来巨大转变!)

阅读这本书能够帮助你培养出一种技能:你会成为一个冷静的旁观者,可以在自己的心智公寓里轻松走动,但绝不会被其中任何一层困住。只要你愿意,你就能开始注意到愤怒、恐惧、悲伤或快乐以及各种微情绪,即使它们才初见端倪。你将能够置身事外地去看待自己的情绪,就像看着胆怯的小动物逐渐放松下来。最终,即使你感受到的是最强烈的悲伤、恐惧或愤怒,你也仍然可以作为一个平静的旁观者来看待自己的情绪。情绪可能会完全失控——你会大声喊出真正想要表达的东西,在被窝里或某人的怀里失控地哭泣,为发生的事情感到恐惧,没关系,就让你体内的那头野兽安心地、尽情地感受一切吧。你会为自己的复原力和生命力感到惊讶。(我还记得自己第一次痛快地哭出来的场景,之前将近20年我都没有那样哭过。哭过之后的平静令人难以置信。)

请听听我的言外之意

许多年前，我的主要工作是培训咨询师。一个周末，我飞到澳大利亚的一个内陆小镇去培训当地的医生。第一天，我们学习了倾听他人的技巧，学习了倾听他人的感受和处境以及如何获得他人的信任。

第二天上午，一位较为年长的医生和大家分享了一个故事。有天夜里，他在急诊室值班，一个年轻女人从一家偏远的分院被飞机运送过来，她出现早产症状，情况十分危险，可能需要再次紧急飞往首都接受更好的治疗。这位医生刚好坐在她的身边，试图用白天刚学到的技能安抚她的情绪。

年轻女人告诉医生，她和丈夫、婆婆住在一个非常偏僻的农场。婆婆总是对她吹毛求疵。随着新生儿即将到来，这种感觉更加强烈，她非常不快乐。这位医生大多数时候只是听她倾诉。病人告诉他如此私人的事情，让他感到很震惊。

更令他惊讶的是，在交谈过程中，她的宫缩减缓了，然后完全停止了。于是医院叫停了送她去首都的紧急航班。到了早上，她的情况稳定了下来。医院为了孩子和她自身的安全，让她继续留在镇上，她如释重负地哭了起来。这位医生非常高兴找到了新的方法来帮助他的病人。

只要承认他人是陌生而有趣的，我们就可以用不同的方式对待他们，而他们也会更充分地展示自己，一切就会变得更好。

小　结

　　哪怕是生活中寻常的一天，我们也都会产生一些多余的情绪，所以，无论何时，只要可以，就要通过回到你心智的第一层来解决这些情绪，把它们当作感觉来处理。去注意这些感觉是在哪里产生的——腹部、肩膀、喉咙还是身体的其他部位。然后减轻这些感觉，并留意这些停滞的感觉所在的区域，给压抑的感觉更多空间来呼吸和伸展。注意，这些情绪实际上正在开始转移——在你身体里成长、转变或消失。很快你就会做到：在谈话或经历其他事情时，你可以呼吸、处理情绪，并让情绪告诉你，你的真实感受。你会开始说类似这样的话——"这个想法让我感到不安"或者"我现在对这件事的感觉还不对，给我一天时间思考"，然后你就要那样去做。情绪是做出改变的能量来源，但是如果感到情绪似乎过多或过于强烈，就要想办法来释放。就像不再需要的弹药，情绪如果被到处乱放，是很危险的。

　　你可能需要等到时间和空间允许的时候再去释放情绪。到时候，只需要让自己去做身体想做的事情，保证安全即可。如果身旁没有人，就可以放声大哭、捶打被子、蜷缩着抱住枕头。如果情不自禁说出了什么话，你就要注意了。这些话体现的其实是你自己的疗愈智慧，能治愈你并带你向前。这个过程可能很夸张、很突然，也可能非常简单，就像太阳突破云层的遮蔽，但总归是有益的。一旦情绪发挥了作用，就可以放下了。你成熟了。你已经释放了情绪，可以轻松地呼吸了。

有成千上万的父母遭受过流产的痛苦，就像我和莎伦40年前经历过的一样。这是一个重大的生活事件，也是必须克服和走出来的痛苦。我有消化悲伤的能力，是情绪帮我经历了这个过程，因此我不害怕去尝试再要一个孩子。莎伦和我变得更亲密，而我也没有一直硬撑着，压抑情绪，那样其实是在逃避生活带来的痛苦。我能够向女儿和孙女们敞开心扉。我知道，生命是如此脆弱，但又如此坚韧，所以敞开心扉是在这个世界上生存的唯一方式。

我希望这一章能对你有启发，并让你感觉更好！情绪丰富着身体带给我们的大量信息。情绪给我们力量和能量，但情绪也像天真的孩子，叫嚷哭喊着长大。孩子需要成年人陪在身边。显然我们也需要别的东西——清醒的头脑和使命感，这将会带我们进入心智的下一层——智力，即你的大脑思考的能力，也是我们寻找意义的地方。

情绪——反思练习1~6

1. 有些人不曾留意自己的情绪，或是只在情绪爆发时才会注意到。你觉得你会：

A. 对自己的情绪感到舒服自在；

B. 对某些情绪感到自在，但对其他的情绪感到不自在；

C. 非常冷漠和木然，一点都没有意识到自己的情绪。

2. 有些人总是处于高度焦虑不安的状态，并充满了强烈的情绪，无法看清方向，也不能清晰思考。你是否经常陷入情绪中，并经常用恐惧、愤怒或悲伤来压制？

3. 以下四种情绪让你感到最舒服的是哪种？

A.愤怒　B.悲伤　C.恐惧　D.快乐

4. 哪种情绪是你最压抑、最不易觉察的，即使这种情绪可能会激发你的能量或表达能力？换句话说，哪种感觉是你最可能"克制隐藏"的？如果你走到心智公寓的第一层，你能感觉到你的情绪倾向于储存在身体的哪个部位吗？

5. 你是否觉得过去一些特殊的经历被封锁在心里，是否有创伤后应激障碍？（我们将在下一章里讨论这一话题，目前只需要回答"是"或者"不是"。）

6. 你能平静地看待自己的情绪，接受并引导情绪，让它们各得其所、各司其职吗?

　　这本书会培养这一技能，让你在心智公寓的四层之间移动时更加熟练和轻松。面对情绪时保持坦诚、舒适和安全的诀窍在于，即使身处情绪之中，也要保持头脑冷静和意识清醒，能够在心智公寓的第三层观察自己，并且注意到"我很生气"，或者"有股悲伤的巨浪席卷了我"，同时能够和家人、朋友讨论这个话题。

5

Special Section
The Trauma We All
Need to Heal

特别章节：
我们都需要治愈的创伤

"如果你发现你不想回忆这些事,不愿承认它们曾经发生过,那么你就需要探索自己与过去这些事的联结。你的内心或许还住着一个受伤的孩子,需要你的照顾。"

注：在本书中，我有时会"打破"各个章节的顺序，并将到目前为止所学的知识应用于解决实际问题。在这第一个打破顺序的章节里，我将要讨论对人类幸福、和平与合作最有害的因素之一：代际创伤所付出的惊人代价（有力的证据表明，在 21 世纪，几乎每个人都受到上一个世纪的伤害），以及如何根据自己的情况进行诊断和治疗。

你可以跳过这些特别章节，但我还是建议你看看。这是真正重要的体验，你可以利用自己到目前为止所学的知识，走上一条截然不同的更好的生活之路。

我不知道你是否有从事护理工作的朋友或家人，他们是一个非常独特的群体。我妻子的家族中有五位护士，而在我的社交圈里，还有更多护理工作者。

每当听他们讲起紧张万分、惊险无比的工作日常，我这个心理治疗师都会惊讶得说不出话来。很久以前，我曾和几位护士长围坐夜谈，听到了一些令我毛骨悚然的事情：护士可以看见周围的人身上的疾病。只要走在街上或者走进超市，她们发现自己就会不知不觉地开始诊断完全陌生的路人。想要停止这种行为并不容易，这说明她们可能需要休个假了！

心理治疗师对世界的看法也会与常人不同。我们受过训练，可以从人们的面部表情、呼吸方式以及身形体态观察人们的内心是否在挣扎。当然，我们的工作也包括耐心倾听人们真心的流露，而这些事可能连他们最好的朋友也不知道。我们知道一些大多数人不知道的事情——许多看起来过得很好的人，实际上并不像表面那样光鲜。在本章中，你会看到很多令人惊叹的事实——尚未解决的创伤（个人和代际间的创伤）非常普遍，会影响到几乎所有人的生活。这极可能是当今世界范围内发生精神健康危机的原因。知道问题的严重性，至少意味着我们现在可以采取一些措施了，可以将贯穿全书的知识付诸实践，治愈创伤。如果你觉得日子艰难，也不必太过担心——我父亲曾经说过："你的生活不是《鲁滨孙漂流记》。"（也就是说，"你并非一个人在战斗"。）

与你同在

20世纪60年代，心理咨询界实现了两次重大飞跃。首先是团体治疗的出现，也就是让大家一起解决问题，而不是孤军奋战。与此密切相关的是自助团体，例如匿名戒酒互助会，以及无数其他团体（乳腺癌幸存者团体、单身父亲团体等）的兴起。

这两项突破从根本上改变了我们的世界。过去我们信奉"家丑不可外扬"，现在我们愿意公开谈论自己的苦恼，逐渐看到疗愈之光。加入互助疗愈小组最大的乐趣，就是看着每个人从最初的困境中走出来并与他人产生不可思议的亲密感，人们由此意识到我们所有人都在挣扎，这并不丢人。人们开始疗愈，有时疗愈速度很快，快到令陈旧的精神病学疗法黯然失色——他们不再服用药物，开始意识到问题往往在于这个世界，而不在于他们自身，因此他们感到一种健康的愤怒，而不是之前不健康的自卑。

在随后的几十年中，这种更加开放的分享文化使人们对人类的勇气和尊严有了不同的理解。让人真正发光的不是成功和完美，而是即使我们曾经遭受过许多挫折和伤害，也会勇敢地敞开心扉并持续成长。亲爱的读者，我坚信，你也正在踏上这段充满勇气的旅程。

这段旅程还有很长的路要走。让我们看看社会现实——40%的离婚率、非常棘手的家庭暴力问题、近些年在年轻人中频发的焦虑症、富豪和成功人士群体日益严重的自杀问题——所有这些都在向我们疾呼：有些事情不对劲。如果只有1/50的人患有精神病，那可以归咎于他们的大脑或内分泌失调。而当这个数字到了1/5甚至更大时，我们就不得不看看另一种解释：

问题不在于我们的大脑或身体，而在于我们的生活方式。

本章中，我将展示一些强有力的证据，证明几乎每个在工业社会或后工业社会中成长的人都有过创伤。首先来了解一下"童年逆境经历"量表——一种将童年时期遭受过伤害的事件或情况量化的方法。其次，我们会讲到现代世界里那些普遍存在的生活状况，但这些状况与我们的感官、神经系统、身体和大脑的设计都大相径庭。这些都是非常重要的主张，而在心理治疗界，它们也正在成为强有力的共识。

这并不是说过去（至少好几个世纪以来）是不美好的。我们也不应该否认现代社会在谋取人类福祉方面取得的许多重大进步。但是，20世纪造成了如此巨大的伤害（灾难性的战争，经济衰退，难民潮，家庭、社区的社会变革以及我们与自然的关系的变化），我们由此积累了创伤性遗产，而这些创伤又存在于我们大多数人的身体中。并且，我们目前的生活方式正在使情况变得更糟。

本章将帮助你弄清楚，在个人生活中，你可能遭受了哪些伤害，以及应该如何处理这些伤害。

童年逆境经历

医学上的巨大突破有时完全是偶然发生的。20世纪90年代，一家名为"恺撒保险"（Kaiser Permanente）的大型美国医疗保险公司创建了一个全国性的减肥诊所网络，其主要客户是中产阶级会员。

虽然一开始吸引了很多人,但该公司发现,几乎有一半的参与者选择了退出。公司决定开始一项研究,对那些退出该计划的客户进行全面而深入的匿名调查。研究人员对结果持开放态度,但是他们的发现仍令人震惊:退出的人群有一个显著的特征——在儿童时期曾遭受性虐待的人比例很高。这就带来了两个问题:如何将可怕的童年经历与危险的体重增加水平联系起来?性虐待真的是在普通人群中普遍发生却不为人知、不被提及的现象吗?

20世纪90年代,我也得出了这个结论。在过去的10年中,我一直在为心理治疗师进行为期6个月的强化课程培训,但我震惊地发现,大约有1/3的受训者曾遭受过性虐待,还有1/3遭受过其他创伤,例如兄弟姐妹的离世、生活中的暴力、瘾君子家庭、悲剧性事故等。由此,我逐渐形成了至今仍然坚定的信念,即最好的心理治疗师已经"在自己的生活中经历过一切",因此能以这种深度的同理心去帮助他人。

"恺撒保险"的首席研究员文森特·费利蒂(Vincent Felitti)知道,这一问题必须得到妥善解决。他向疾病控制预防中心寻求帮助,该中心负责管理美国的流行病和大规模健康问题。他们随机选择了17 000名购买了健康保险的成员。根据定义,这些人在经济上是有保障的——他们中75%为白人,平均年龄为57岁,大多数接受过高等教育,拥有体面的工作。

研究人员向他们发放了问卷,然后将调查结果与他们的健康状况进行匹配,健康保险公司可以对他们的健康状况进行详细访问。这是一扇从未被打开的窗户,可以让我们看到平常不了解的人和事物。他们的发现创造了历史,并永远改变了我们看待当代生活的方式。以下就是问卷中的问题。

(读者可以尝试自己回答这些问题,这非常有用。请确保记忆清晰可信,如果你感到不舒服,请慢慢做或休息一下。如果持续感到不适,请务必寻求专业救助。)

童年逆境经历调查问卷

在你的十八岁生日以前,如下这些描述你符合几个?符合计1分,不符合计0分。

1. 你的父母或者家中其他成年人是否经常或者频繁地……威胁你、辱骂你、伤害你的自尊、贬低你或羞辱你?或者对你有任何行为导致你常常害怕会被对方进行身体伤害?

不符合＿＿＿＿符合＿＿＿＿

2. 你的父母或者家中其他成年人是否经常或者频繁地……推搡你、抓扯你、打你、抽你耳光或者用东西扔你?甚至在你身上留下了明显的伤痕或伤口?

不符合＿＿＿＿符合＿＿＿＿

3. 一个成年人，或一个比你至少大五岁的人是否曾经……
猥亵你或者让你抚摸他的身体？试图或者真正与你进行口交、肛交或发生性行为？

　　　　　　　　　　不符合_____符合_____

4. 你是否经常或者频繁地感觉到……
你的家里没有人爱你，没有人认为你是重要的、特别的？或者你的家人不会相互照顾、相互亲近、相互支持？

　　　　　　　　　　不符合_____符合_____

5. 你是否经常或者频繁地感觉到……
你没有足够的食物，只能穿脏衣服，没有人保护你？或者你的父母总是喝太多酒，或是只忙于其他事情，根本没时间照顾你，也不会在你生病的时候带你去看医生？

　　　　　　　　　　不符合_____符合_____

6. 你的父母是否因分居、离婚等原因抛弃你？

　　　　　　　　　　不符合_____符合_____

7. 你的母亲或者继母……是否经常或者频繁地被推搡、抓扯、抽耳光或者被东西砸？或者有时、经常、频繁地被踢、被拧、被用拳头或者坚硬的东西殴打？或者有过被持续殴打至少几分钟的情况？或者受到枪或刀的威胁？

不符合_____符合_____

8. 你是否曾经和酗酒或吸毒的人住在一起？

不符合_____符合_____

9. 你的家庭成员中是否有人抑郁或患有精神疾病？是否有人曾经尝试自杀？

不符合_____符合_____

10. 你的家庭成员中是否有人曾经进过监狱？

不符合_____符合_____

现在，请将你所有"符合"的得分相加：这就是你的得分。

简而言之，童年逆境经历主要有以下十种：情感虐待、身体虐待、性虐待、情感忽视、身体忽视、父母离婚或一方离世、家庭暴力、父母酗酒或有毒瘾、精神疾病、监禁。当然，这十种经历只是在孩子成长阶段可能会对他们造成创伤的事情。虽然没有提到贫穷、战争、种族主义、教育机会的缺乏、不良的居住环境和疾病，但是问卷中已经包括了最重要的家庭因素，因为家是孩子们感受最强烈的地方。

几乎人人都有过逆境经历

令研究人员惊讶的是，这种创伤是非常普遍的。费利蒂的团队发现67%的人至少有一种童年逆境经历，而40%的人得分大于等于2，超过12%的人得分大于等于4。记住，这是一群生活富足的精英阶层。（在美国，只有富裕阶层才能负担得起健康保险，不像在澳大利亚和英国，医疗保健是基本人权。）对于少数种族、低收入群体、生活水平低于平均标准的人（至少1/4的美国人或英国人），他们童年逆境经历的分数可能会更高。疾病控制预防中心随后进行了许多研究，发现在整体人口范围内，在所有收入群体中，每六人中就有一人有过四种及以上的童年逆境经历。再看一遍上面的清单，你会发现这些都是非常可怕的创伤。

但这还不是全部。直到现在，研究人员仍在寻找答案。当他们反复查看参与者的健康记录时，发现童年逆境经历分数高与健康状况不佳有关，而且童年逆境经历通常就是造成健康状况不佳的原因。

得分大于等于4的人患心脏病和癌症的概率是普通人的两倍，而患肺病的概率是普通人的4倍。有时这种有创伤的童年会导致一些危险情况或行为，例如营养不良、吸烟、酗酒，进而影响健康。而且有时候，这些糟糕的童年经历会导致身体、免疫系统和大脑发生实际的生理变化，让人们感到身体十分不适，并缩短其几十年的寿命。

到了21世纪20年代，娜丁·伯克·哈里斯（Dr Nadine Burke Harris）等医疗保健专家开始呼吁对所有成人和儿童进行童年逆境经历测试，以便评估他们的健康状况，规划治疗方案。伯克·哈里斯和其他研究人员发现了一些现象，最初的危险因素（如小时候的性虐待）所造成的压力大到可以改变儿童的新陈代谢，因此很可能会带来饮食问题、体重增加、糖尿病等后遗症。在已经很复杂的肥胖原因中，一个新因素加入了——压力会导致身体以不同的方式储存脂肪。

最令人不安的是一种叫作表观遗传学改变（改变我们的DNA表达方式）的症状，它可能会将这种危害传给接下来的几代人。诸如慢性疲劳、纤维肌痛、某些自身免疫性疾病等找不到原因的小病，可能就是这种表观遗传造成的。伯克·哈里斯相信，只有致力于提高儿童时期的安全感和家庭的稳定性，才能解决或消除恶劣生存条件对数百万人的影响。

我们仍有希望消除一切阴影。根据我和几乎所有心理治疗师的经验，一些童年逆境经历得分高的人后来仍然能够过上幸福而健康的生活。这个量表没有涵盖儿童生活中的积极因素，而研究人员清楚地知道，在儿童受伤时或受伤后为其提供帮助，可以减轻这些伤害的负面影响。对于孩子来说，拥有慈爱的祖父母、一位理解他们的老师、一个坚定而富有同情心的朋友，都可以帮助他们对抗创伤。一个家庭中的父母一方可能会造成很大的伤害，但另一方却能帮助孩子对抗这种伤害。甚至在数年后，我们也可以为更多的儿童和年轻人提供创伤知情护理[①]，并帮助他们渡过难关。创伤从未发生当然更好，即使发生，也不代表就被判了死刑。我们的身体和心灵都是可以治愈的，只要我们知道如何激活这些力量。

为何逆境经历如此之多？

让我们回到全局来看，童年逆境经历得分向我们提出了一个重大问题：我们的社会到底出了什么问题？为何有这么多具有破坏性和受损的家庭？

要回答这个问题，我们不得不提到，20世纪是一场噩梦，尤其是前叶。在两次世界大战中，可能有一亿人丧生，而在种族灭绝中又有将近一亿人丧生或离开家园。在"大萧条"时期，多达几亿的难民群体经历了从农村社区到城市生活的整体转变，中间还夹杂着工业革命的噩梦。童工们晚上在工厂的桌子下面睡觉，人们在可怕的贫民窟中死于本可预防的疾病——这一切也是一个世纪前的历史。（伦敦公寓楼火灾事故表明，这些悲剧都有可能重演。）

查看一下你的家族史，你会发现自己不太可能逃脱这种经

[①] 指医疗专业人员接触创伤病人时，以共情和更深的理解，去尽力保障病人心理安全的做法。——编者注

历带来的影响。在撰写本章的过程中，我遇到了一个老朋友，他是一位善良且备受尊敬的牧师，生活在塔斯马尼亚一个宁静的小镇上。他1935年出生于伦敦，8岁之前，他和母亲遭遇了3次轰炸，失去了自己的家园。他的父亲是一名军人，与他5年未见，后来也没有给过他任何情感上的支撑。

几年前，当我身体不适时，给我做手术的外科医生是一名越南"船夫"①，他在5岁那年经历了一场噩梦般的旅程，好在最终抵达了安全之地。我们的家庭牙医在十几岁时就逃离了捷克。我的邻居是一位温暖而有爱心的父亲，娶了一位澳大利亚妻子，拜澳大利亚政府所赐，他年轻时在沙漠集中营里度过了长达6年的绝望生涯，健康受到严重的永久性损害。你可能认识一些在伊拉克、北爱尔兰、马尔维纳斯群岛、阿富汗，或者在科索沃、东帝汶维和行动中幸存的人。他们的家庭背景都相当复杂，几乎所有人都无法尽到父母或赡养者的责任。他们可能会因压力巨大、不堪重负而变得暴力、退缩、暴虐、滥用药物或自杀。如果不人为加以干预，那么伤害就会不断重演。

由于这种创伤十分普遍，我们必须调整对人类同胞的看法，甚至改变我们对自己的看法。我们曾假设大多数人在大多数时候过着非常合理的生活。（倘若身体不佳，往往只是不走运而已。）我们曾认为创伤后应激障碍是退伍军人、紧急救援人员或事故幸存者才会遇到的问题。而童年逆境经历的研究表明，几乎每两个

---

① 指乘船外逃的难民。——编者注

孩子（或成人）中，就有一个有类似创伤后应激障碍的心理状态。

日常生活中有创伤吗？

我的朋友、同事戴维·乔克尔森（David Jockelson）的职业道路很有趣。他是一名社区律师，一生都在从事儿童保护案件方面的工作，同时他也做了15年的心理治疗师。他在英国开展各种活动，以提高法律界从业人员的心理健康水平，因为他们本身就是一个高风险群体。

戴维就创伤和正常生活进行了很多思考和写作。他最引人入胜的想法之一就是，创伤不仅会导致严重的焦虑，还可能阻碍个人的发展。创伤可能会让我们的心智冻结在创伤发生的那个年龄，使我们停滞不前，心智要走向成熟，需要信任、学习和身心平和。我们今天看到的许多成年人，他们在情感上仍然处于冻结状态，比如冻结在婴儿期或青春期。如果这种情况非常普遍，那么整个社会就会开始渐渐展现出某些不成熟。戴维认为我们今天的文化有低龄化倾向，对此我也表示认同。这表现为对他人的照顾能力下降或兴趣降低，只关心自己的形象、地位或享乐，以及不愿意建立稳定的关系，等等。要理解这一点，我们要把它与创伤关联起来。但是，造成这种社会文化现状的创伤是什么？

最近，戴维和许多其他研究人员经常被问到的一个问题是：如果今天我们习以为常的状态，与人类原本适合的生活相去甚远，我们的大脑是否会一直受到损害？

比如发生以下这些事情：

- 幼儿在保育机构待的时间越来越长。
- 学业压力越来越大，年幼的孩子也要经历激烈的测试和竞争。
- 媒体信息无孔不入，干扰我们的生活。
- 父母的工作时间长，家人之间不能互相照顾。
- 身处城市环境，几乎无法接触大自然。
- 巨大的生活压力，导致人际关系崩溃、家庭破裂成为常态。

童年逆境经历量表揭示了普通人受到的广泛伤害（常识也说明了这一点），但它的十项内容并没有包含全部的创伤种类。除此之外，一些儿童和成年人对外界刺激更加敏感，他们发现现代生活是对他们感知与应对能力的一种冲击。

英国教育家金·约翰·培恩（Kim J. Payne）的作品《简单父母经》推行简化育儿法，以大幅降低父母在育儿生活中的繁忙程度和混乱程度。金认为，当今儿童所患的"现代病"（比如注意缺陷障碍）刚开始只是一些小怪癖或倾向，但是童年时代承受的巨大压力，会使其在成年后发展成严重的病态。

如今，城镇化后的日常生活会损害我们的神经系统吗？我们的神经系统是在更缓慢、更温和、更滋养的环境中进化的。我们人类的原始设计是要感受自然的存在，适应昼夜交替的节律,与动物相伴,在户外工作被绿意环绕,更多地利用我们的身体,能与孤独共处,能有时间做梦——这些对身心健康、大脑的正常发育以及建立平和感都至关重要。

没有这些能力的孩子会怎样?如果这种"异常生活方式"理论是正确的,我们会看到更多它的迹象。比如,有1/5的女孩和年轻女性患有焦虑症;年轻人的自杀率一直在上升;在工作场所中,1/4的员工存在心理健康问题。我们的异常生活方式会带来很多明显的后果。

获得自由

要想获得自由,第一件事就是抚平伤口,这一点毋庸置疑。就像森林中受伤的鹿一样,需要在树荫下休息,舔舐伤口以帮助其愈合。如果你(或你所爱的人)符合童年逆境经历中的任何一种,首先,你必须承认:是的,这一点的确伤害了我(他)。这是疗愈的第一步。人们常常低估这些事的影响——"我遭受了性虐待""爸爸总是喝得神志不清""爸爸曾经打过妈妈"——总是忽视事实,觉得一切都过去了,现在都没事了。这么做没什么问题,但是如果你发现你不想回忆这些事,不愿承认它们曾经发生过,那么你就需要探索自己与过去这些事的联结。你的内心或许还住着一个受伤的孩子,需要你的照顾。

我在前面提到过的尤金·简德林所提出的"聚焦"方法特别有用。在面对任何困难的时候,只要你聆听身体信号(你的超感知），它们就会帮助你进行疗愈。那些需要哭出来的眼泪，那些需要缓解的恐惧的颤抖，那些不属于当下却被当下触发的愤怒，都必须找到安全的出口。

你的身体一直都在向你传达这些信息。我的一个好朋友小时候经常被父亲打，于是她发誓永远不会打她的孩子，也不会允许其他任何人打自己的孩子，她做到了。但是，在一个特别糟糕的日子里，她的孩子特别不讲道理，而她又非常累，几乎无法控制动手的冲动，当时她备感压力和不适，突然间感到另一种冲动穿过她的身体，让她放下了举起的手。她具有足够的自我觉察去感觉到这一点，并及时放下。她知道这种冲动是什么，也知道它是从哪里来的。每当那种被孩子逼疯时的动手冲动又出现时，她都可以释放这种感受，让自己变得越来越平和。

当一个人的创伤后应激障碍极为严重时，往往是因为他无法进入心智公寓的四个楼层。与身体失去连接是最常见的问题，此时我们被困在第三层，思维模式带着重复性和强迫性。在第二层时，只有一部分情绪可以被感知到——是恐惧而非愤怒，抑或是愤怒而非悲伤。无论外界情况如何，我们会自然而然地感到与世隔绝，在精神上无法与他人、与自然、与安全感及平和感联结。而当我们所有的意识都可以被感知时，我们会自行消化和处理创伤，尽管这种创伤可能仍然是巨大而严重的，但它并不会累积。

因此，使用四层公寓来度过糟糕的时刻——这需要你关注自己的身体以及它告诉你的信息。注意你的情绪，让你的身体归于平静，以便安定下来并解决问题，或者驱使、激发你做出改变。如有必要，请思考并写下来，或者在遇到困难时与有爱心和耐心的人交谈，以厘清思路。经常到第四层和屋顶花园去看看，提醒自己，你永远有归属感，你一切都好。哪怕只是坐在公园里或去户外散步，也可以帮助你的大脑做到这一点。

解密信息

每个人在童年时期的经历、所接收的信息以及回应方式都是独一无二的。心理治疗的任务是召唤你的超感知，帮助你获取这些信息和经验，然后利用神经的可塑性重新构建你的反应方式（如果之前的反应方式不再对你有用）。人类具有与创伤共生的能力（史前人类的生活是艰辛的），而我们拥有使自己强大的感知工具。但是，除非我们在这些感知工具运转正常的情况下长大（很少有人如此），否则我们将陷入困境。治疗的重点应始终放在修复这些感知工具的功能上，让患者实现自我疗愈。

1980年，我赢得了一笔由澳大利亚国家青年基金会颁发的丘吉尔基金，与当时世界上最受尊敬的心理治疗老师一起接受培训。罗伯特和玛丽·古尔丁夫妇提出了一种有效而且能够带来迅速变化的治疗方法。他们结合了认知疗法和强调关注自身感觉的完形疗法，创造出一种并不仅仅依赖对谈，而是行动与互动并行的疗法。古尔丁夫妇从患者当前生活中所遇到的困难开始，发掘他们早年生活中所接收的并一直在意识层面循环播放的信息，这些信息令人很难幸福快乐地生活。

古尔丁夫妇培训了成千上万的治疗师进行"再决定治疗"——以我们成熟的、理解力强的自我,唤醒童年的回忆,使童年的痛苦得到释放。这是一项不需要打开头骨的脑部手术。

古尔丁夫妇认为,对孩子造成影响的并不是童年时父母说过的话。实际上,大多数父母说过的话都是好的,"我当然爱你""我们只想给你最好的"。问题主要出在非语言信息上——那个住在父母心中的内在小孩,会通过肢体语言和行为对我们大喊大叫。我们的超感知告诉了我们真相,而我们自动接收了它。

亲爱的读者,如果你有一个幼小的孩子或处于青春期的孩子,你可能会担心自己给孩子传递了伤害。下面这个观点很重要:首先,你接收到很多更有害、传播更远的信息,这些信息比你传递给孩子的更多,然而,你坚强地挺了过来,并顺利长大成人,组成家庭,为人父母。那么你的孩子完全可以做得和你一样好。英国著名的儿科医生、心理分析师唐纳德·温尼科特(D.W. Winnicott)创造了"足够好的养育"这个词,并敦促我们放松身心,因为这才是孩子所需要的——在成长过程中被爱、被照顾,并有足够的安全感,他们终会发现自己的成长之路。在和来访者的谈话中,我找到了另一种幽默的表达方式:"父母只需要保证你活着,其他事情自有人帮忙。"追求做完美的父母是一个非常糟糕的目标,它只会让人过于紧张。孩子们想要的是可以和自己一起笑闹和放松的爸爸妈妈,是会犯错的普通人,不完美也没关系。

同时，作为父母，我们可以做的就是努力疗愈自己。就像有了孩子之后，你可能会开车更小心、吃得更健康或少喝酒一样，你也可能会决定寻求心理咨询以及其他帮助，或者至少对自己诚实，比如承认自己在生活的某些方面感到纠结——我们需要关注这些方面。照顾好自己对照顾好孩子至关重要。

古尔丁夫妇信奉简单与实用。他们将父母传递给孩子的信息简化为十项"禁令"，而这些都是父母在不知不觉中传递的。他们认为，孩子为了在家庭中生存，不得不服从这些指令，因为这是当时最明智的选择。但是这种选择很快就会变成无意识的行为，甚至变得难以察觉。随着我们步入成年，这些指令会在潜意识中运作，阻止我们过上幸福而充实的生活。下面的例子可以让你更容易理解。

十大禁令

父母传递给孩子的每条禁令或信息均以"不要"开头，随后是某项特定的人类基本需求。

不要思考——在父母有某种癖好，或者有不能谈及的秘密的家庭中，这条禁令很常见。通常父母表现为不太理智、焦虑躁动，而不是一步一步地解决问题；或者可能只是对孩子说"不要有你的想法，我们会告诉你怎么想"——这经常发生在有宗教信仰的家庭中。当这个禁令被根植到心中时，你可能会发现，在压力下，自己的大脑会一片空白，或者陷入无助的慌乱。你必须下定决心重新学习——把问题写出来，列出可能的解决方案，或专门寻求咨询师的帮助，来学习如何理性行事。

不要亲密——这通常发生在父母儿时遭遇过性虐待的家庭中。例如，如果一位母亲在她的童年时代受到过性虐待，她幼小的心灵会形成这样的理念：一切身体接触都是危险的。这样一来，她成为母亲后就无法温暖地搂着孩子或拥抱孩子。解决这种困境的方式是使用心智的四层公寓去逐渐放松，并在拥抱或被拥抱时让恐慌情绪平息下来。这一过程需要循序渐进。（这通常需要心理治疗师的帮助，因为虐待会带来许多不良影响，需要强大的信任来克服这些影响。）

不要感受——父母可能会明确禁止四种主要情绪中的一种，也可能哪一种情绪都不允许。很少有人能够在成长过程中被允许体验所有的情绪，这种情况可以持续几代人。如果你在其他人感到沮丧时变得麻木或"过分理性"，或者你的全部感觉系统中似乎缺少某种特定的情感，比如永远不会生气，也不会悲伤，那就说明你接收过这条禁令。试着用你的超感知去觉察情绪，并逐渐为它们留出表达的空间，慢慢你会发现，大声呼喊或流下眼泪，并不会带来世界末日。实际上，这种感觉还不错。

不要认为自己很重要——与妈妈或爸爸单独相处，因为自己的创意或努力赢得称赞，有人在你生日那天为你制造惊喜，所有这些都在传达一个信息："你很特别。"这会让孩子意识到自我价值，并感到自己在宇宙中占有一席之地。而对于某些人（通常是生活在大家庭中的人）而言，如果有某个孩子显得突出会冒犯到其他人，因此，在这样的家庭中，减少自己的存在感就变成了最有用的生存信条。当你难以接受赞美或成为别人关注的焦点时，你就会知道自己曾经接收过这种禁令。（当我的母亲过70岁生日时，我们在接待中心的门廊上挂出一个巨大的横幅，所有人都可以看到。上面写着："我不想要任何惊喜。"她觉得这太棒了！）

不要归属——你可能从小就被告知"我们家跟别人家不一样"。你不会有作为某个群体中的一员那种美好的感觉，必须时刻保持自己的"与众不同"，无论这有多么孤单。我就接收过这个禁令，这对我这个阿斯佩格综合征[①]患者来说更是雪上加霜。如果你总是像一个局外人一样，会感到非常孤独。你需要找到自己的"同伴"并加入他们的组织，这一点很重要。

不要长大——孩子在父母的生命中通常会扮演两种角色，让父母团结在一起，或打消父母某一方探索世界的渴望。例如，孤独甚至自恋的母亲可能希望子女永远是她的

---

① 又称孤独性精神病态，出现在儿童期，是患者社交活动异常，同时伴有兴趣与活动内容的局限、刻板和重复行为的一种广泛性发育障碍。与孤独症的主要区别在于没有语言或认知发育的一般性延迟或迟缓，常伴有明显的笨拙。——编者注

朋友，成为她的情感安慰。或者她的伴侣很少回家，对她也很冷漠，只能寻求孩子的陪伴。孩子也经常被视作父母年老时的依靠。最受父母喜欢的孩子往往被寄予更多期望，长大后必须回报父母。

（我的一位患者说起他曾到女友家拜访。他和女孩在一起的时候，她母亲全程坐在他们身边，对他发表的所有观点都持怀疑态度。他告诉我，即使当时自己并不成熟，也能明显感觉到女友母亲的掌控欲。那个女孩至今单身，把自己的一生都献给了她的母亲。）

不要当个孩子——像成年人一样承担责任的小孩是另一种非常普遍的家庭角色。也许是由于父母酗酒、在某方面成瘾或者有心理健康问题，总之他们没有时间享受做小孩的乐趣——好好玩耍、享受童年，而是需要快速成长。照顾大人的责任总是心照不宣地落在家中较年长的孩子或女儿身上。一旦有人担当了这个角色，其他孩子通常就可以摆脱困境，但是如果父母一方的问题很严重，那可能需要所有孩子联手照顾妈妈或爸爸。如果你发现自己总是没有心情自由地出去闲逛，就说明你收到过这种禁令。你整天都在收拾父母的烂摊子，不能做自己喜欢的事情。在我的治疗小组中，我会请大家练习懒散一些，接受其他人的善意帮助，在休息时玩飞盘。养狗也可能有帮助。

不要成功——成功实际上是一种感觉，而不是标准，许多人在童年时期经历过"永远不够好"的阶段。就像问一个得了98分的孩子，另外2分是怎么扣掉的一样愚蠢。想摆脱这种影响，关键在于要意识到你有选择的自由。你已经成功了，你只需要觉察到这一点，并学会享受成功的感觉。爱你的人可以帮助你指出你的成功之处。另一个方法是，想象自己让给出这种禁令的父母远离你，你不再听到那个否定的声音，可能会有帮助。

不要做自己——这通常与你的性别有关，例如一个家庭想要个儿子（至少在潜意识中）却生了女儿，反之亦然。表现出性少数群体（LGBTQ）倾向的人可能接收过这种禁令。更常见的情况是，父母想要培养一个学霸，子女却热爱艺术或运动，或者父母将大量无意识的执念施加到了孩子身上。最终的结果是，你感觉不能做你自己——这是一件非常可怕的事情。在现实生活中或在你的想象中，冷静而坚定地告诉你的父母："我就是我！我将做我自己！你想要其他东西不是我的问题。"找到喜欢你本来的样子的人，他们会代替你的父母肯定真实的你。

不要健康——在所有禁令中，这一条会在我们的幼儿时期不断强化，我们会做出各种行为以求获得关注。孩子需要被关注、被称赞、被拥抱、被照顾，和养育者有亲密的接触，否则就无法健康成长。由于联结和肯定如此重要，所以孩子会采取各种措施来获得"关注"，即使是消极的关注。有些家庭只会在孩子生病时表达爱意和关怀。孩子会在不知不觉中认定只有生病才能得到他人关注。过度劳累、故意冒险和其他容易导致生病受伤的行为习惯，都有可能是从小养成的。

永远记住，这些禁令不是说出来的，甚至不是父母想要传达的信息，而是通过父母的某些情绪，以非语言的形式传达的。这就是它们的威力所在，以及我们为什么要格外小心。通常情况下，父母绝不会故意将这些限制施加在他们所爱的孩子身上。

了解禁令可以帮助你将童年时期的创伤与现在正在影响你的特定行为联系起来。例如：

"爸爸喝醉后会变得很暴力，而小时候我的适应方法就是僵住，让大脑一片空白（不要思考）。但是现在当我的孩子调皮捣蛋时，这种方法无济于事。"

"妈妈在我9岁的时候就去世了，爸爸从此一蹶不振。我必须照顾我的弟弟和妹妹，还有爸爸（不要当个孩子）。我是一个有责任感的孩子，但现在我需要学着放松。"

弄清楚影响你的禁令，意味着你的生活会豁然开朗，变得有意义，你还会知道自己应该疗愈什么，哪些伤口需要涂药，这样它们才能愈合。理解这一点只是一个开始，有意识地去探索你曾经接收的禁令，才能有针对性地做出调整。一个好的心理治疗师可以帮助你更快地完成这项工作。使用你心智的四层公寓，可以回到当下，感受自由。你开始注意到感觉自己像个孩子的那些时刻，并通过保持身体的感觉，仔细聆听自己的超感知，让滞留在过去的情绪和感受逐渐消散。在疗愈阶段，你将觉察到过去的感受依然留存于你的内心，但同时也会知道，过去是过去，如今已经大不一样了。很快，问题将越来越少，你也会变得更强大、更平和。

找出你的禁令

如果你想在没有心理治疗师帮助的情况下成长，那么第一步就是看看你目前所遇到的困难是什么，以及哪种禁令正在发挥作用。当你发现自己反复遇到相同类型的问题时，你就会知道自己曾接收过"无意识"的禁令，比如选择相同类型的"有害"伴侣，以相同的方式失去工作，发生相同类型的"事故"，或者从来没有归属感，从不觉得自己有价值：这些事件不断重演，让你陷入恶性循环，说明一定有你需要处理的课题。

因此，问问自己：在我的童年时期出现了什么情况，促使我有这样的适应行为？（在不提供帮助和支持的家庭长大，孩子表现得自卑也是一种应对方式。）疗愈首先要从感谢那个时期的自己开始，感谢你能够积极寻找生存策略活下来。现在是时候改变生活方式了，因为你不再是孩子了，也不再依赖你所长大的那个疯狂的家庭了。

童年时期的无意识选择具有一种典型的特征：它们就像一堵隐形的墙，使我们无法过上别人那样看似完整的生活。我们看不到这堵墙，却不断地撞上它。

大多数人会发现，在阅读禁令列表时，总有一两个禁令勾起他们的童年回忆。能够正视它就是摆脱它的第一步。我们大多数人至少接收过两三个禁令，通常只要你觉察到它们，它们就已经开始慢慢消散了。完成这个操作后，其他更深层次的问题可能会逐渐浮出水面。每走一步，你都会更自由、更快乐。

战争、种族灭绝、饥荒、流行病，这些在历史上都屡见不鲜。但是在20世纪，这些重大事件全部出现了，在下一个重锤落下之前，人们几乎没有时间得以恢复。我能听到祖父在战壕中的嘶喊，看到父亲的挣扎、母亲的焦虑，这些都深深影响了我。这不是任何人的错。你的父母和我的父母可能已经尽了最大的努力来养育我们。

只要你还活着，你的心智就会通过梦境、思考和回忆持续得到治愈。利用好你的超感知，不要变得麻木，也不要阻挡它们，而是放慢速度，全身心觉察它们，你将会变得更完整、更安宁。

这个世界上有很多受伤的父母和家庭，随着我们成长，其中一些伤痛一直围绕着我们。我们以当时最好的方式适应了这些伤痛，以确保自身的生存。但是，找出并释放这些自我限制可以防止它们造成持久的伤害——这意味着我们可以避免将这些自我限制带给我们的孩子、伴侣或朋友。单单这一点，就是我们疗愈的绝佳理由。

在这条疗愈之路上，愿你拥有很多爱和祝福。在这条路上，我们携手同行。

6

The Third Floor—
Using Your Brain to
"Think Straight"

公寓的第三层
——运用你的思考脑

"我们读故事给孩子听,和他们聊天,认真倾听他们的想法,就是在培养他们思考的能力。"

心智公寓的第三层是我们思考的地方，专业术语叫"前额皮质"，你可能觉得已经很熟悉这个地方了，但是这里有更多看不到的危险需要你注意，也有你从未到访过的房间，房间里有可爱的家具，窗外还有美丽的风景。

思考脑很神奇：正因为有它，我们创建了医院，发明了宇宙飞船，还开发了可以跟地球另一端的朋友聊天的工具。有这样的能力，你会认为我们能创造出一个幸福、平衡、持久的世界。但为什么我们的头脑一团糟？也许是因为我们还没有好好使用我们的头脑。在这一章中，我会帮助你将你的头脑和身体的其他部分连接起来，这样你的头脑就可以真正发挥应有的作用了。让我们以一个故事开始。

安德鲁·格雷格（Andrew Greig）是著名的苏格兰登山者、作家。他在少年期和刚成年的时期患有抑郁症，陷入深深的自我怀疑。但是他的发现拯救了他——荒野之地和体力劳动可以帮助他寻得内心的平静。与大多数年轻人一样，他也探索着亲密关系和人际关系的秘密，并且觉得很难处理得当。

我的前女友独自踏上了漫长的冒险之旅，却没有找到她想要的。回来找我时，她依旧单身。我们在水库旁的草丛里促膝长谈。讲完她和那个男人、那些地方的故事后，她看向我，说道："我转了一圈，又回到了原点。"

我明白她的意思。我呼吸着荒野山峦中稀薄的空气，感受着脚下坚实的大地和头顶广阔的天空。

我说道："我爱你。"我顿了一会儿，继续说道："但是我不想跟你在一起了。"

我说的是我内心真实的想法。她看向远处的山峦和烟波浩渺的水面，风吹起她棕褐色的头发。她转过身看着我，然后点点头。

"好，你是不是觉得我的内心有什么问题？"

我们一起走回市区，挥手告别，以后再未相见。如果当时是在室内聊天，我们可能会被我们的身体、我们的孤独、我们失去的一切所迷惑，但是我们当时在山水之间，我们坦诚相待，做出了正确的选择。

——安德鲁·格雷格，《在绿色科里的湖边》

(*At the Loch of the Green Corrie*)

再看看那句关键的话，"我说的是我内心真实的想法"。我们常常就是这样找到真相的。我们将内心感受转化成语言，只有大声说出来时，才知道这些语言是真实可靠的。而且，注意她的回答，"好"——她也知道这是实话。

他真心爱过这个女人，后来她离开了他，为了更多的奇遇，为了寻找另一个人。现在她又回来了。他本能地知道该做什么。他站在大地上，倾听内心的声音。然后，他使用了精确的语言，充满共情地说："我爱你，但是我不想跟你在一起了。"

这是我读过最清晰、最美好的案例之一，书中的人使用了公寓不同的楼层——身体、情绪、头脑和超感知（来自身体的内部信号），来寻找完整答案，避免灾难。

在生活中，我们常常不知所措。我们可能倾向于依赖规则或行为准则，但这比毫不在意规则要好多了。有时候规则是正确的，比如，不要跟别人的老婆或丈夫上床，不要酒后开车，不要造成没必要的伤害。然而，有些事情要比道德准则更加复杂。我们内心深处存在着真相，存在着任何规则都不能处理的微妙地带。正如格雷格所写，可以感受一下"脚下坚实的大地和头顶广阔的天空"。等一等，真相总会到来，会以语言的形式到来，而且这些语言是"有意义的"。

语言所在的楼层

从进化论的角度来说，我们公寓的第三层是最新的部分，所以它处于我们头脑的最前方，就像一座房子最新扩建的部分。

动物可以思考，但只能借助气味、图像、肌肉记忆等。有些鸟可以使用工具，甚至制造工具（比如为了挖虫子而磨尖木头），展现出了做计划的能力和一定程度的智力。但是语言将人类的大脑提升到全新层面。语言不仅可以传播，还可以流传。语言可以在人与人之间搭起沟通的桥梁，也具有幽微的细节。日本人用一个词来形容在森林中发现瀑布时的感受：Yūgen（幽玄）。德语中有一个词用来形容幸灾乐祸：schadenfreude（恶毒的高兴）。我们会为之前没有的东西或需求创造词汇，比如"joie de vivre"（享受生活）或者"hassle"（烦恼）。

语言的第一个用处就是实用。"猛犸象来啦！""站着别动啊！""跑啊！"很快，人类这个物种爱上了语言，白天沿着河岸散步时说个不停，晚上在篝火旁也不停下。古老的世界有成千上万种语言，每个山谷都说着不同的语言。因为大多数人都会跟邻近的部族交流，所以很多人都能说两到三种不同的语言。我们的大脑因此变得更加强大。

语言可以帮助我们做两件十分重要的事情。首先是使用语言来理解我们的生活，让我们的行为理智且富有逻辑；其次是使用语言来跟别人交流我们的内心世界和观点，并通过沟通进行适当调整，让彼此能愉快相处。

我们的思想不是独立存在的，也并不枯燥无味。毕竟，"有意义"（make sense）这个词不是偶然产生的。这个词是说我们的感觉（sense）是一种测试——只有经过直接经验证实的，才是真正正确的。有些人讲话枯燥乏味又太过抽象，而本应用于滋养和帮助我们所生存的这个世界的社会科学更是如此。思想只有根植于我们的身体和情绪，才能绽放最美的光芒。

如何区分事实和谎言？

如果没有语言，以及语言带来的清晰和准确，人就无法正常生存。清晰直接的对话对于任何关系来说都至关重要。除了爱之外，思考能力和诚实对话的能力是父母能够给予孩子的最重要的技能。这也是咨询师和治疗师帮助他们的来访者去做的，对于暴力犯罪者的治疗也是如此。这不需要华丽的辞藻，我知道的一些头脑清醒、为人真诚的人并没有多么高的学历，重要的是分辨谎言和真相的能力。男性研究专家罗伯特·布莱（Robert Bly）建议大家每天都写一篇日记或者一首诗。他有很多理由，但最好的一条是这会让你对自己更诚实："用文字记录下来时，我们会更容易分辨谎言。"

很多人基本不思考，只凭冲动行事，并用陈词滥调自我辩护。他们没有学会怎么思考，因此生活一团糟。新西兰的监狱长西莉亚·拉希莱（Celia Lashlie）跟监狱中的罪犯交谈时，发现他们在任何情况下都很难思考，更别说在压力巨大的时候了。他们之所以被关进监狱（有人要服刑多年），是因为他们在三分钟之内就做了错误的决定。他们不会思考：这么做对吗？有什么后果？如果没有思考能力，在一个压力丛生的复杂世界中，你注定要失败。我们读故事给孩子听，和他们聊天，认真倾听他们的想法，就是在培养他们思考的能力。

我们如何学会思考？

我们从小就有情绪和感觉。我们生活在充满拥抱、睡眠、食物和玩耍的无尽美梦中。上一秒还在笑，下一秒就哭了；现在是明亮的白天，过一会儿又处于让人昏昏欲睡的黑暗。这就是童年。我们处于公寓的第一层和第二层，对此十分满足。但即使是一个婴儿或者蹒跚学步的孩童，有时也会体验强烈的失望——如果我们能理解那是失望的话。幸运的是，我们即将获得帮助。

假设你现在两岁，在商店橱窗里看见一个可爱的泰迪熊，你很想要，妈妈却不给你买，于是你悲伤地大哭。这并不是要尝试操纵或控制（20世纪的一些育儿专家是这么说的），这就是真实悲伤。在一两岁的年纪，你拥有强烈的冲动和欲望，而你不明白为何这个世界对待冲动和欲望十分冷漠。

幸运的话，你的妈妈会理解这一切，她会抱起你，在你耳边轻声说："是的，我理解，你得不到泰迪熊十分难过。没关系。感觉难过也没关系。"你很生气："我就要。"但是她很镇静："得不到想要的东西确实让人沮丧。来，我们在长椅上坐一会儿。"她抱着你，你看着她，不知道该继续提要求还是该停止。这种感觉无法避免，必须让它自然流淌，直到自然消失。渐渐地，你不确定自己是否还想要泰迪熊了。你确实有一些深切的悲伤，但是悲伤正在消失。妈妈的双手如此温暖，她的眼睛温柔地注视着你。

你正在学着摆脱情绪、平安度过内心的风暴，经历这一切也是你思考的过程。这些冲动和紧张有它们自己的名字：欲望、伤害、幸福、小狗、小猫、祖母、你还想吃点什么……你发现这些词和话语是掌握世界的工具。即使我们不是宇宙的中心，也能幸福地生活在这个世界上。这就是和睦相处，是相互依存的力量。语言以及其他诸如抚摸、注视这样更加古老的肢体语言，是人类合作的最好媒介。

我的一个朋友正在通宵照顾她3岁的孙女。这个小女孩一大早就走进她的卧室，说道："我的身体想要爬上你的床。"孩子的语言和思维能力的发展速度之快令人震惊，也让他们身边的人感到惊喜。他们拥有新鲜的感知，能够告诉我们这一切，让我们也能看到他们新奇而热情的世界。今年夏天，我在浅海里教一个4岁的孩子玩冲浪板，她已经能用语言促进我们之间的合作了。她说："这巨浪有些吓人。"于是，我让她在浅水中坐到冲浪板上。不到一分钟，她说："让我下去。"我告诉她："坐在冲浪板中央，保持平衡。"她明白这是什么意思，并很快按照我说的做了。我顺着浪潮将她推向海岸，她在浪中滑行。让我们惊讶的是，后退的浪潮将她带回了我身边，我们可以重复这么玩。她大笑着说道："这浪能推着我往前走。"

婴幼儿如果足够幸运，拥有愿意陪他们说话的父母，那么他们也会不停跟父母说话——这是非常有意义的。和其他物种相比，人类更喜爱交流。爸爸用搞怪的声音给你讲故事，妈妈给你小声读睡前故事，一两年以后，你就可以自己读书了，然后安然进入公寓第三层。有了语言，你可以管理生活，进入人类世界——你可以和知心朋友聊天，也可以自己读小说或其他饱含智慧的书。其他人用智慧总结的语言帮助你成长。这就是语言和思考的力量。

惰性、变性和悦性

最好的哲学并不总是最新的。明智而善于观察的人一直在思考人类的生活。"三种本性特质"这个观点已经存在3 000多年了，它是我遇到过的最有效的自助工具，我常常使用。如果你是一个容易激动的人，那么这个观点对于你尤其适用。

古老的吠陀[①]经典中描述了自然界中的三种本性特质，你很快也能觉察到。

这三种特质的梵文分别是"Tamasic"（惰性）、"Rajasic"（变性）和"Sattvic"（悦性）。大致的翻译如下：

惰性相当于混乱黑暗，变性意味着过度活跃，悦性代表着和谐稳定。

---

① 印度最古老的文献材料和文体形式，主要文体是赞美诗、祈祷文和咒语，由古梵语写成。——编者注

不过我还是鼓励你使用梵文称谓，这样它们就能以一个全新的形式存在于你的大脑中。你可以说："呀，糟糕，我今早完全处于Tamasic（惰性）之中。"意识到现在所处的状态，你就能拥有更多的选择。但哪个是最佳选择呢？让我们一起来探索。

Tamasic（惰性）是什么？

每个人都认识一些处于惰性状态的朋友。如果你家里有青少年的话，可能就有一两个人处于这种状态。他们的房间很混乱，生活也杂乱无章，充满了惊慌和困惑，有时还会伴随冷漠和麻木。我们每个人都有这样的时刻。我们随便从冰箱中拿出东西来吃，看电视时漫无目的地换台，在沙发上睡着，半夜醒来。这可能是你的日常状态，也可能是在悲伤或深切忧虑的时候偶尔才有的状态。这种状态来临时，你就像陷入了泥沼。有些读者或许就是由这样的父母抚养长大的。不论造成这一切的原因是什么，只要自己或周围有人处于这种状态，都像身处地狱。

我们或许会批评处于惰性状态的人，但是根据我的经验，惰性状态的产生都有令人吃惊的理由——当你十分焦虑的时候，最有可能陷入惰性。不能因为一个人看起来冷漠、没有动力，就认为这个人懒惰（懒惰在人类生活中很少是自然状态。我们生来就具有创造力，积极活跃，懒惰大多是巨大的挫折感和焦虑引发的）。有时懒惰是因为人们有太多事情需要面对，所以采取这样的方式来防御或自我保护。拖延就是一种惰性。因为害怕失败，所以我们找各种事情来做，唯独不做我们需要去做的事情。互联网是一个充满惰性的地方，比世界上的其他任何东西都更能分散你的注意力。所以，走出惰性状态的方法就是冷静下来，暂时不去做任何事，深入探索让你焦虑的根源。

当我发现自己正在进入惰性状态的时候，我会将困惑和不确定因素写出来。如果陷入反刍式思考，情况就会更加严重，所以即使是在一页纸上列个清单，也能帮助你走出来。请标出最重要的事情，然后去做。

同时，也要尽力找出你焦虑的真正原因，找到问题的根源。不要因为觉得自己无用而烦恼，你不是无用的人。问问你的超感知现在发生了什么。

如果我处于重度焦虑的状态，出现心律不齐的现象，我会选择去散散步，或者做做园艺。最重要的是，不要做麻痹自我的事情（大量喝酒、吃很多东西、沉迷看电视或者赌博）。那些活动一旦停止，你就又会回到原点。

你可能需要"感受恐惧"，去做令你感到恐惧的这件事。或许你担心健康、财务、工作，你已经竭尽所能，所以只能继续往前走。有时，你只是不知道还要做多少努力，你看不到希望。比如做家务这件事，你觉得要做的工作太多，那么可以从自己的房间或某个角落开始打扫，沿着墙壁去清理。只要你开始动手，事情就有了进展。

大脑的 Rajasic（变性）状态

变性是惰性的对立面——变性状态是一种过分痴迷、过分专注的状态。我们都认识一些在追求目标时过度执着的人。他们沉迷工作，废寝忘食，就是为了变得富有、有魅力、住豪宅、功成名就。他们从不缺乏目标，也不需要组织。他们固执、精力充沛、热情洋溢。他们可能会坚持10年、20年。他们的目标有好有坏，但是采用的方法都是一样的。变性状态的人总是被驱赶着去追求这一切。

在西方思维里，我们总是崇拜这样的生活方式，崇拜伟大的运动员、商人和艺术家。志在必得的人在我们的文化里是值得尊崇的。但是，事实上，在这样的人周围，我们的超感知会感到不安。他们的生活好像失去了平衡，生活的其他方面被完全忽视。他们总是粗暴地对待其他人，难以维持亲密关系，生活很快就崩塌了。

我们总是陷入两难的选择，需要谨慎对待。面临两难困境，如果你能看到第三条路就很有帮助。懒惰或勤奋听起来像是覆盖了所有的选择，但其实我们还有更多的选择！

转向 Sattvic（悦性）

在吠陀体系中，最高级的心理状态叫作悦性。在悦性状态中，你不仅专注而且富有成效，而且你的行为不是激进的，而是和谐的、平衡的、平静的。你会与他人分工合作,在悦性状态中,你会在过程中产生一种矛盾的满足感,似乎某种程度上你已经实现了目标。你可能需要做很难的工作,但是你在做的时候内心平静。正如灵性导师拉姆·达斯(Ram Dass)对死亡和濒临死亡的看法:它是如此沉重,又如此轻盈。这种态度会让你更加高效,不产生抵触情绪。你乐于接受新观点,积极寻找正确的做法,而不是横冲直撞。

许多人随着年龄增长变得更加聪慧的时候,就会从变性走向悦性。在赫尔曼·黑塞(Hermann Hesse)的著名小说《悉达多》中,年轻人不知疲倦地努力赚钱,只为结识名妓。他成功了,但感觉很空虚,于是放弃一切,去寻找一条更好的路。我的很多亿万富翁朋友都做出了这样的转变——从早期的集中精力赚钱到思考"我怎样才能帮助这个世界"。他们生活的乐趣因此升华,这让其他没有那么慷慨的富人看起来像凄惨的失败者。

有一个关于武术的例子。日本的合气道的目标从来不是伤害另一个人,而是以一种没有伤害的,甚至是友好的方式化解对方的进攻。一位著名的合气道大师曾经在火车上遇到一个强壮的疯狂男人正在恐吓乘客。大师没有使用合气道,他只是让那个男人跟他坐在一起。不到一分钟,那个男人开始哭泣,说他的妈妈那天早上去世了。大师只是静静地坐着,把手放在他的后背上,其他乘客也安静地回到了自己的座位上。

悦性的活动总是看起来风平浪静，而实际上它拥有改变世界的力量。就像针灸的针一样，小小的针能导入强大的能量。战争在爆发前停止了；夫妻在冲突升级之前原谅了彼此；家庭讨论正在安静地进行，伴随着欢声笑语；事情正朝着令人惊讶的新方向发展。

这就是吠陀经文所说的三种状态，你总是处在其中一种状态之中。有人穷其一生，都在惰性和变性状态中游走，但大多数人在三种状态之间转换，有时候一天就要转换许多次。一旦你开始思考你所处的状态，甚至不用做什么（事实上，不做什么是最好的）就已经开始转向一个更好的状态了。意识到自己所处的状态是你获得更多选择和自由的前提。

我想告诉喜欢神经学的人，事实证明，使用一种脑电波扫描仪来监测脑电波，就可以看见大脑的这三种状态。θ波、β波、α波正好对应惰性、变性、悦性。你完全可以通过你自己的感受，觉察到自己的状态。悦性就像天鹅绒，世界是丝滑的，你会想一直停留在这种状态中。

听起来很好，不算真的好

不是所有的思考都是合理的或者美好的，就像一些让你感觉不错的言语并不能成真。在我职业生涯的早期，我帮忙将一个强奸儿童的罪犯送进了监狱。他和一个单身母亲同居，性侵了她12岁的女儿。当警察进入他房间的时候，他知道一切都完了。可能感觉到了警察冷峻的凝视，他喃喃自语："反正别人也会这么做。"然后，他觉得可能说得不清楚，接着说："她应该庆幸是她认识的人做的。"

我从来没有遇到过这样可怕的人，他内心认为自己的行为没有问题。我们把这叫作"合理化"，这样的案例比比皆是。在我的祖国澳大利亚多年前实施过这样一个政策，许多偷渡来的难民（包括儿童）都被扣押在近海的热带荒岛上，因为这样做可以让政客从那些厌恶难民的民众手中获得选票。他们自有一套说辞来合理化自己的行为：这样做是为了拯救生命。只要有脑子的人都不会被这样的说法愚弄。你的欲望会合理化你的所作所为。但这都不是真相。在我居住的塔斯马尼亚岛上，那些想要破坏森林、挖掘煤矿的人会说他们这是为了创造工作机会，然后他们却用大型机器替代了工人。我们必须小心，如果我们不诚实地说出理由，不直面自己的需求，可能就会毒害一个家庭，给孩子造成巨大的压力。我们嘴上说的是一套，超感知会告诉他们"那不是真的"。解决这样的问题很重要。

诚实地生活并不容易，但是只要你尽力去做，就会逐渐成为光明磊落的人。

20世纪90年代，我的《男性的品格》出版，促使数百个男性互助团体成立，让男人们互相支持，过上了更好的生活。有些团体存在了20多年，在这个忙碌的时代，对男性的生活产生了重要的影响。男性互助团体的核心精神就是，说出不同于以往在酒吧或休息室中的那些插科打诨的话，大家要发自内心地表达，当别人说话的时候要耐心倾听，不要急于给出建议或争论。男性的困境在于不会主动向别人倾诉自己的痛苦，只能深埋在心里。每当我听说一些男性的可怕行为（自我伤害或者伤害他人）时，我总是感到很悲痛，因为一个好的男性互助团体可以避免这些悲剧。我已经亲眼见证许多许多次了。

在男性互助团体或治疗团体中，摆脱合理化的谎言是关键一步。一个男子抱怨婚姻中的问题是因为性生活不和谐，持续讲了5分钟，然后他的一个同伴问道："戴夫，这真的是性的问题吗？"

令人震惊的是，大多数人的思考都与现实生活无关，完全在自说自话。许多统计调查都发现，人们在社交媒体上发布的吐槽只是些陈词滥调。大部分人根本没有真正厘清自己的生活，他们只是跟着感觉走，到公寓第三层也只是为了找一个合理的故事，来合理化自己的行为。

学校应该在八九年级添加一个科目，教孩子们如何辩论、推论以及有逻辑地区分事实和感觉。在某个年龄阶段，严加管教的爱是教养的关键。我们需要温和地指出孩子的错误，并告诉他们解决办法。亲子教养中80%的内容都是在讨论什么是合理的，应该如何得体行事。阿姨或者姑姑这样的女性长辈尤其擅长跟年轻女孩讨论这些。她们能长时间地深入讨论那些年轻女孩没法跟妈妈说的尴尬事情。"当然，他长得很英俊，可是要和他生活一辈子可能会很无聊。""你想要你的人生变成什么样?""你绝对不能忍受的是什么?""你人生中最重要的是什么?"她们其至可以点醒你:"你说你想要这个,但是你却在做那个。"

理解人类大脑的关键,在于知道大脑从来不是孤军奋战。我们需要成为整个世界思维网络的一部分,从而与他人互相参照,检查自己的想法。最好和那些跟我们看法不一致的人一起做这些事情。和一个观点完全不同的人结婚,你也许会有很多收获。

走向更高处

理查德·罗尔(Richard Rohr)是一位反叛的方济各会牧师,也是一个乐于思考人生和目标的哲学家,很擅长将事物提升到更高层次。罗尔发现,很多成年人的思维仍然停留在儿童阶段,这让世界变得非常可怕。他们有行为能力,却不值得信任。政客、寡头执政者、不道德的富商、独裁者,都让我们的世界危险丛生。正如我们在新冠肺炎疫情中看到的,这让很多人失去了生命。

罗尔指出了成年人不同于孩子的五种认识,并视之为成年的智慧,可以帮助年轻人尽快从儿童心态迈入成年人的世界。这五种认识是:

1. 你终将死去。
2. 生活很艰难。

3. 你没那么重要。
4. 你的生活中并不是只有你。
5. 你永远不能控制结果。

乍看之下，这五种认识都不太积极，但请牢记这五种认识，它们会让你逐渐适应人生中的挫折。

知道你终将死去至关重要，这会让你开车更谨慎，会阻止你通过自我麻痹来浪费生命，也会让你过滤掉琐碎或让人分心的事情，在追梦路上不再焦虑或半途而废。美国人类学家卡洛斯·卡斯塔尼达（Carlos Castaneda）在他的著作《前往伊斯特兰的旅程》中写道，一位纳瓦霍族导师告诉他，要将死亡时刻放在左肩上，这样才能提醒他"追随自己的心"。对死亡的认知有一种积极向上的作用，能让我们的生活更加丰富。总有一天，你会迎来结局，所以不要浪费生命。

明白生活很艰难意味着你会懂得，任何有价值的回报都需要百般努力。人生悲喜参半，但依旧值得。在之前提到过的弗莱德·罗杰斯的节目中，他对多么年幼的孩子都会谈论这个话题。他从来不回避孩子生命中真实的一切，无论是疾病、残疾，还是死亡。孩子们需要我们真诚以待。生活很艰难，但你从来不是一个人面对。其他人的爱能让你在这个世界感到安全，重新振作起来。

了解自己的平凡，只是为了让你保有一种必须具备的谦卑，你依然是独一无二的。

罗尔的第五种认识可能是最难做到的，学会妥协很重要。我们人生的大多数时间都在学习这一点。比如在婚姻或其他的长期关系中，我们需要学习的一个难点是：我们必须放弃控制欲。要想保持亲密关系，我们就需要学会信任和放手，即使是对于去哪里吃晚饭这种小事。爱就像跳双人舞，你不能把舞伴当作服装店里的人体模特，你们要互相配合，让舞步和谐统一。无数男人女人都不懂这一点，都想控制对方，担心如果失去控制的话，需求就得不到满足。人们从来不会同时拥有同样强度的需求。重要的是把对方当作一个平等的有独立意识的人，你们就会随着音乐逐渐靠近彼此。

这里有很重要的一点。减少控制并不意味着我们应该放弃所有让事情变好的尝试。这是现实中常常出现的矛盾。

作为一个治疗师，我一生致力于帮助他人重新掌控人生。我们是人生这条船的掌舵者，在遭遇风暴或旋涡的关键时刻，我们需要奋力划桨。

不论你做什么，总会有不可控力影响你，有时还是毁灭性的影响。你有两个选择：生活在恐惧中，或者学会放松。这都取决于你。我们可以尽力让我们的生活安全、健康、幸福，我们需要做的就是保持自信。当糟糕的事件发生时，记住我们生来就有应对的方法。

四层公寓意味着你不会被生活击垮。精神分析学家克拉利萨·品卡罗·埃斯蒂斯（Clarissa Pinkola Estés）用美好的语言写道："你就是被创造来回应这个时代的。"

还像孩子一样的成年人

人并非随着年龄增长就一定会成熟,许许多多成年人身体里住着的都是孩子,即使位高权重的人也是如此,他们让我们的世界变得危险而破碎。步入成年需要一种仪式。这些仪式在世界上的许多文化中都存在——它们被叫作成年礼。成年礼有明确的界定方式,或许最重要的一点叫作"旧我的消亡",这样我们才可以在一个新的地方重生。这并不容易。我们只有在与关心我们、长期陪伴我们的人相处时,才能学会这一切。我们祖先的成年并不意味着要进入一个巨大而残酷的世界,而是进入互相关爱的成年团体,共享积极向上的目标。所以,亲爱的读者,如果你的人生很艰难,团体就是你可以寻求帮助的地方,即使得到的帮助不够完美。每个人都跟你一样在摸索自己的道路。你从不孤独。

罗尔对于成年的观点是,我们虽然花了20多年获得独立并理解自我,但成年后需要做的是抛弃旧有的自我,迈向新阶段。成熟的人热爱生活和生活中的乐事,但他们知道这不是深层喜悦的来源。他们开始更多地关爱自己,为别人的福祉和周围人的生活奉献自己。

这就是你心智公寓第三层中一个非常美妙的世界。你可以有意识地去关心他人,进而实现有意义的人生。思考可以减缓你的痛苦,给你一个新的角度,为生活中艰难的时刻赋予意义。它可以让我们从受害者变为人生的掌控者。正是这一层让人类与众不同，让我们显示出潜能。我们是具有创造力的生物，正一步一步地走向成功，每一步都像探索外太空一样令人振奋。

思考将我们引向价值观，价值观让我们变得独特。有一天，你在探索第三层的时候，会有独特的发现。一段落满灰尘的被遗忘的楼梯，通向一道活板门。走上楼梯，可以听见断断续续的音乐，看见门缝里透出的光线。那里有什么呢？在我们找出答案之前，亲爱的读者，你应该停下来，休息休息，喝杯茶，然后我们再继续。

大脑——反思练习1~5

寻找你的人生意义，理智地做出各种选择，是一种可以习得的技能。

1. 在你小时候，你的父母和亲人会冷静地坐下来讨论问题，使用逻辑和理性找出最好的解决办法吗？

2. 你倾向于首先想好要做什么，然后再去合理化这个决定吗？你是否会合理化自己或他人的决定？你会愿意放弃这个决定吗？

3. 你有过陷入争执，然后意识到另一个人其实是对的，或者从他的角度来看是对的的经历吗？面对相反的证据，你会放弃自己的观点吗？你会坚持己见吗？

4. 理查德·罗尔的五种认识中，哪一种最令你困惑？

A. 你终将死去。

B. 生活很艰难。

C. 你没那么重要。

D. 你的生活中并不是只有你。

E. 你永远不能控制结果。

5. 有没有曾经让你很困惑，但现在已经释然的呢？

驯化你脑海中的人群

现代医学对大脑的研究最让人吃惊的发现之一是，我们总是在思考的自我（我们，自己）其实根本不存在，这也是古老冥想传统的重要观点。简单来讲就是，"你"不存在。神经科学家一直致力于探索身体和大脑，想寻找这个"自己"在哪个位置，但其实"自己"并不在这些地方。生命是一种流动性和连续性的体验，这帮助我们记得穿上鞋、刷牙。比起硬邦邦的砖，我们更像是海浪。因为我们既有连续性，同时也一直在变化。这产生了很多影响，其中一个是意识到"假我"很容易控制你，你会被对你无益的虚假自我所劫持。有一些大脑功能紊乱的人曾听到过评头论足或让他们不安的声音，这些声音扰乱、折磨着他们，但是从某种程度上来说，所有人都会有这样的经历。我们和自己争执，与可能伤害我们的欲望和冲动对抗，走过一个蛋糕店都可能会让我们纠结。（你记得吗？在动画片《米老鼠和唐老鸭》中，一个恶魔鸭和一个天使鸭同时出现在唐老鸭的大脑中，争论它到底该怎么做。）

我们不是生来就有独立自我，而是需要由别人抚养长大并受到潜移默化的影响。人类大脑中有一些特殊的神经元，叫作镜像神经元，专门负责榜样的内化。所以，任何成年人本质上都是影响过他的一群人的集合。而且，这些不同群体的人很难在我们的脑中融合。

　　首先是要找出这些人都是谁。如果你的父母或其他照顾者严厉且吹毛求疵，那么你的大脑中可能就有这样的声音："系上安全带。""你这个没用的笨蛋。"如果你在某些时候感到痛苦，那么你可以检查一下，这个次人格是否夺走了你的主动权。而且，大多数人体内都会有一个精神饱满但鲁莽冲动的叛逆自我，知名演员比利·康诺利（Billy Connolly）把这叫作"无因的叛逆"。你本性里的这部分有助于打破陈规（当然它也能让青春期的你离家出走），但你并不希望它掌舵。叛逆让你知道哪些是不想要的和不想做的，但是不能让你善于做长远的选择。

　　最后，我们许多人都有一个无助的、幼稚的自我，或是一个抱怨的、自艾自怜的自我，它很擅长吸引别人来拯救自己。自我安慰也很重要，承认自己需要帮助是成熟的表现。这些次人格确实能起作用，但是我们也要继续前行，而这些次人格不能自我发展或真正给我们赋能。

　　你大脑中的次人格不都是负面的，也有许多有益的次人格，比如善良的、自我激励的人格，理性的、逻辑缜密的人格，有趣的、天真的、幽默的人格。这些人格和谐共存，让你拥有温暖、明智、丰富的人生。

　　英国华德福教育家迪蒂·巴克（Didi Bark）已经80多岁

了,她是第一个让我有所启发的人。她给大脑中的各种人格取了好玩的名字,这样她就可以更好地管理它们了。我从她那里学到了这个方法,也常常用这个方法来赶走我大脑中有害的住客。单靠蛮力并不能把这些人格从你的大脑中清除出去,但是你可以给它们命名为"无助的哈里"、"复仇的维恩"、"贪吃鬼格雷珀"、"聪慧的西蒙"和他弟弟"自大的皮特"。一旦发现这些次人格跑出来,你就很容易把它们送回它们应在的角落,从而和大脑中更友善的居民共处。

7

Special Section
Delivering the Male

特别章节：
男性的重要一课

"几个世纪以来,男人带来的伤害极大地影响了女人的生活。我希望,如果你是一位女性,请阅读本章,以理解男人正在经历的事情,他们为何会变成现在的模样,以及他们应如何获得帮助以进行疗愈。"

注：本章也是我们打破顺序的一章，在本章中，我们会将所学的知识应用于大多数读者面临的一些紧迫性问题。这个特殊章节将探讨"身心俱疲的男性"，以及如何打造一种积极向上、温和善良的男性气质。女性和儿童以及全世界都迫切需要完整的男性。为了人类家园的永续发展，我们必须让"男子气概"恢复本来的含义。事实上，我们知道该如何做。这是我大部分时间在做的工作。让我先从一个很久以前的自己的故事说起。

当时我刚刚中学毕业，很快就要和朝夕相处六年的同学分开，各奔东西。暑假过后，就要迎来大学生活。有一天，我接到了一个突如其来的电话，是我一个朋友打来的，他的语气有些奇怪，好像发生了什么事。他非常不安，语无伦次。原来我们班同学戴维开枪自杀了，即将举行葬礼，班主任请几位同学通知其他人。我挂掉电话，呆坐了很久。

第二天举行的葬礼气氛有些异常。我们班上的女同学哭得悲痛欲绝。有一对夫妇应该是戴维的父母：母亲看上去失魂落魄，父亲则沉默不语，身体僵硬。牧师并不熟悉这个家庭，只能讲些套话："我们想起了《圣经》中的戴维……"我的心中突然生出一股愤怒。这样不对。

我从没有想到我的同学戴维会自杀。他非常和善，也很聪明，可以在学校的考试中轻松拔得头筹。在20世纪60年代，男生在一起整天谈笑，却从未谈论过我们的内心世界。我们会讲述前一天晚上看过的电视节目，进行哲学辩论，交流如何跟女孩说话，赢得她们的好感。但是我对戴维有一段特别难忘的记忆。我家距学校约6公里，我每天骑自行车上下学。那天早上，风刮得很大，我在大风中拼命地蹬着自行车前进。我到达学校时，学校几乎空无一人。我气喘吁吁，胃里翻江倒海的难受。我走到储物柜附近的垃圾桶前，隐约发现戴维站在10米之外。他看到我难受的样子，走了过来，把手放在我的肩膀上。在那个年代，得到同学的安慰是一件非同寻常的事，像拍肩膀这样的肢体接触更是少见。那一刻，他带给了我最需要的东西，以至于50年来，我仍然能感觉到那只放在我肩上的手。戴维去世几周后，我的母亲得到一个小道消息——他的死并非偶然。我很难接受，因为这令人难以理解。他一直努力学习，积极钻研科学。那时我们所有人都喜欢科学，因为科学为我们构建了一个充满规则和确定性的安全世界。而他却选择在大学开学的前一天离开。显然，这是他无法跨越的门槛。但上大学是他人生中唯一的目标,这实在匪夷所思。

直到几十年后,我才意识到有人可能知道他的死因。我以最快的速度回到墨尔本,找到了保存尸检报告的办公室。一位女士从堆积如山的文件中找出了一个文件夹。她看着我,在递给我之前顿了一下,轻声地说:"我看到了死亡原因,想提醒你一下,可能有照片。"

然而报告里并没有更多信息。这份报告简短得令人震惊,它按照死亡报告格式的要求描述了他如何结束自己生命的细节,并以标准的套话"无可疑情况"结尾。我再次感受到了30年前对葬礼的那种愤怒。他们怎么能这样呢?我的朋友到底发生了什么?今天,我离这一切越来越近了。谋杀案件可能需要警察多年的努力才能"破案",而对于自杀,没有人会去调查原因。

我们都知道身为青少年的痛苦。我们的文化对于儿童到成人的过渡提供的支持是不够的,以至于青春期的孩子内心非常孤独苦闷。男孩和女孩都像是在战壕中蜷缩着。许多人受伤了,并且有些伤是致命的。青少年自杀率几十年间都在下降,最近却开始稳步攀升,而在这一点上,男孩更严重,自杀率是女孩的两倍以上。

我的青少年时期和你一样,既有独特性也有普遍性。20世纪60年代的青少年的一个显著特点是几乎和人没有什么肢体接触。我有一对富有爱心、情绪稳定的父母,但在那个时代,父母和孩子之间的肢体语言并没有延伸到拥抱。小时候,我们几个孩子喜欢坐在父亲的腿上,这是我们之间的一种肢体语言。他很喜欢我们几个孩子,他很有趣,也很友善。但是我母亲不善于用肢体语言,甚至有些笨拙。我最强烈的触觉记忆是在蹒跚学步的时候,我被抱到一个冰冷的大马桶上,母亲蹲在我身前防止我跌下来。我记得这些时刻的亲密感,它们一直留在我的回忆里!母亲60岁时,我和我妹妹终于说服她让我们拥抱她,使她的身体放松下来,不再绷紧或者拒绝与我们亲密。从那以后她就爱上了这种感觉,再也没错过任何一个拥抱。

人类学家指出,在有些文化中,非常缺乏身体接触,而这与暴力行为的发生有关。在以前的狩猎—采集部落中,孩子们被背着、抱着,就像呼吸一样正常。在我访问过的印度家庭中,孩子们之间一直会有亲切的肢体接触,刚成年后,兄弟姐妹和朋友之间就能建立起亲密的连接。

身体接触给人带来活力,有非凡的舒缓效果,内啡肽和血清素的自由流动会使身体和大脑趋于平静。所谓的"抚慰食品"就是在人体消化道的内壁"皮肤"上复制了这种效应,它与人体的外部皮肤具有相同的组织和神经。因此有很多人会用吃一顿美食来安抚自己受伤的心。

我的老师,著名的家庭疗法创始人维吉尼亚·萨提亚(Virginia Satir)[1]曾讲过,人每天需要至少三个拥抱才能生存,

---

[1] 世界知名的心理治疗师和家庭治疗师,是家庭治疗的前驱。她被《人类行为》(*Human Behavior*)杂志誉为"每个人的家庭治疗大师"。——编者注

而想要蓬勃发展则需要六个。著名心理学家哈利·哈洛（Harry Harlow）曾用"皮肤饥渴"这个术语来形容这一现象，他以幼猴做实验——那些没有得到亲密照顾的小猴子，都出现了发育不良的迹象。

萨提亚说，这种接触既肯定了你的存在，也证明了你的内在价值，并创造了生机和活力，是人类表示包容的主要信号，可以解决争端、建立信任。在我的后院有两只我领养的流浪狗，它们每天早晨都会向我奔来，让我抚摸它们的头，帮它们梳毛。我认为青少年需要的亲密抚触会更多。

有一段时间，我的阿斯佩格综合征越来越严重。与别人（特别是女孩）建立联系，需要一些基本的语言交流。我尝试在对话时饱含幽默感和热情，却以失败告终。我喜欢学校，因为它秩序井然，我知道该怎么做，但是没有秩序和规则的时候就像一场噩梦。我甚至不知道该如何走路，在哪里站立，或者要做出什么样的表情。

那时参加教会青年团体和青年营是许多青少年生活的一部分。一个寒冷的早晨，在丹德农山脉某处的一个营地，我早早起来，四处张望。我认识的一对年轻恋人正穿着长外套站在壁炉旁。他们双臂环绕，互相依偎着，安静地等待早餐。这个女孩看到了我，做了一个惊人的举动。她伸出胳膊，邀请我加入他们。

两个瘦弱的年轻人，中间是一位活泼的年轻女孩，大家一起肩并肩站在那里，凝视着火炉，时不时说几句没头没脑的话。

我可以感觉到她的温暖抚平了我的孤独。在那个年龄，我曾认为如果我死了，任何人都不会在意。但那天的温暖感使我想要好好活着。

我敢打赌，如果有朋友倾听他的烦恼，陪伴他直到他渡过难关，给他一个温暖的拥抱，向他传递想要他活着的信息，那么我的朋友戴维无论出于何种原因要结束自己的生命，都可以得到挽救。戴维知道肢体接触很重要，否则那天早上他不会把手放在我的肩上安慰我。

90%的女性困境中都有一位男性居于核心地位

多年来，我们一直认为男性选择自杀，往往是因为他们无法敞开心扉，朋友对他们的痛苦一无所知，也就无法帮助他们。我们认为自杀是孤独感造成的。虽然这是事实，但仅仅鼓励男性说出自己的脆弱是远远不够的，因为如果没有人回应他们，那该怎么办？

很多时候男性确实会寻求帮助，但是周围的人要么很惊讶，要么表现得很冷漠，于是他们不再开口，内心感觉变得更糟。在这方面，健康和心理卫生服务的提供和专业知识仍然严重不足。

与其让男性敞开心扉，不如围绕男性生活中的三个危机领域，提供有针对性的服务：

1. 分居和婚姻破裂;
2. 滥用毒品和酒精;
3. 失业或财务压力。

我们才刚刚学会养育男孩的智慧，将他们视为具有独特需求的宝贵、感性的存在，希望他们成为有同理心并且真诚坦率的丈夫、父亲、兄弟和儿子。

几个世纪以来，男人带来的伤害极大地影响了女人的生活。我希望，如果你是一位女性，请阅读本章，以理解男人正在经历的事情，他们为何会变成现在的模样，以及他们应如何获得帮助以进行疗愈。疗愈是我们自己的责任，最终我们会努力解决这个问题。

我认为，90%的女性困境中都有一位男性居于核心地位。而且，更广泛地说，我们社会的竞争性、侵略性以及个人主义都清楚地反映了男性的病态。成功的女性通常在价值观和为人处事上变得更像男性。新西兰女总理杰辛达·阿德恩（Jacinda Ardern）让我们看到，世界上存在着一种非父权制的政治经济及其他方式。在她领导这个国家的第一天，一位女议员建议她保持强势作风。而阿德恩女士明确地回答："很抱歉，我不是那种性格。"

澳大利亚平均每天有6名男子自杀，每年有32 000名男性因自杀未遂而呼叫救护车。在英国，情况稍有好转，自杀率逐渐下降，处于世界排名的中间位置，但平均每天仍然有12个男人死于自杀，几乎是道路交通事故伤亡人数的三倍。这样的数字令人震惊。

几年前，在我当时居住的小镇上，一个男性公务员刚被裁员，他的妻子非常苦恼，把他的朋友们叫到家里。当时他拿着枪，正在失控地咆哮、哭泣。朋友在他家轮流住了几天（他的妻子和孩子们去了别处），他们与他交谈，抚慰他，安静地倾听他说的消极的话。他的身边总有人看护，并把他的枪藏起来。后来危机终于过去了，他对朋友们深表谢意。如今，他以志愿者的身份帮助处于类似情况的人，他简直无法相信自己当时离灾难有多近。

现在，有一种新的男性气概正在出现——过去30年来，男性与孩子在一起的时间增加了两倍，许多男性可以自由地哭泣或拥抱朋友，而年轻的一代则与伴侣相处得更加愉快了。但是，在许多文化中，关于男性气概顽固且丑陋的思想残余仍需转变。这是全球性的问题，我们必须从现在开始着手解决。

什么地方出了错？

值得追根溯源的是，男性气概是如何随着社会变迁不断发展并带动了我们整个社会的。30万年来（这是一段几乎无法想象的漫长历程），人类以一种固定不变的方式生活着。我们生活在紧密联结的氏族社会中，人们彼此关爱、彼此保护。

在那段悠久的历史中,一个男孩在成长过程中,身边都围绕着父亲、叔叔、祖父等成年男性,他们会给他指导和教育,到14岁时,他将成为一个真正的男人。把男孩教导成好男人是地球上每种文化的重要组成部分。

在母系社会,教育男孩重点在于让他们学会保护自己周围的生命。我很荣幸,在巴布亚新几内亚西新不列颠省度过了我的青少年时光,周围都是这样的人,我见证了那个社会几乎未被现代文明触及的温柔与凝聚力。后来人类进入农业社会,生活变得更加艰难和严峻,女性的角色也被贬低了——父权制的开端到来了。但是,总的来说,人们仍然生活在社群中,男孩们得到了关于男子气概的教育,这具有神圣的意义。

然后,在我们有记载的历史中,情况发生了变化。我们发展到了工业社会,一夜之间,男人和男孩被分隔开了。男人们下煤矿,进入工厂和磨坊;被迫走上战场,而这些战争杀死了数百万人,那些从战场回来的幸存者留下了深深的创伤,变得沉默,这影响了他们之后的人生。一位疏离的父亲,可能酗酒,暴力,痴迷于控制和宣泄;或者走向另一个极端——内心空虚,极易崩溃。

无论男孩还是女孩,都渴望有一个爱自己、教导自己、鼓励自己和肯定自己的理想父亲。但是,当这个世界被工业化后,父亲们没有这样做的机会。许多父亲变得像个怪物，成了令人恐惧的人，只有晚上才会出现在家里。19世纪和20世纪的家庭总是充满裂痕。男性研究专家罗伯特·布莱将其称为"来自父亲的创伤"（father-wounded）。

男孩们再也得不到父亲或者叔叔、祖父的教导。家里的女性尽了最大的努力，但是培养男孩子阳刚之气的基石少了一块。

女人可以独立将男孩养育成出色的男人，数千年来皆是如此。但很多女性通常也会为孩子寻找优秀的男性榜样——爷爷、叔叔、吉他老师、体育教练。一个男孩需要体验各种类型的男性气概，才能把灵魂深处独特的男性特质提炼出来。如果你从未真正见过好男人，那么，就很难做一个好男人。

到20世纪末，90%的人与父亲的关系并不密切，甚至许多人都恨自己的父亲。这道代际鸿沟横亘在我们的文化中，而我们却认为这是正常的。

与父亲一起修正

与疏远的父亲和解，是一件勇敢而冒险的事情。到目前为止，最安全的方法就是问问自己的父亲："我们小的时候，您是什么样的感觉？""那时发生了什么事？"这不是指责，只是为了了解。这么做通常会有所启示。一名男性外科医生从澳大利亚回到英国，发现他的父亲（他从小就讨厌他，已有30年没见过他）住在养老院中，即将离世。他租了一间公寓，陪伴着父亲，希望父亲在最后的时光感到温暖和安宁。

好男人是什么样的？

一个好男人是什么样的？我曾经问过200位女性，她们说出了以下内容，但好男人的品格不限于此。

- 温柔
- 善良
- 体贴
- 有安全感
- 诚实
- 可靠
- 值得信赖
- 有趣
- 精神富足，为人慷慨
- 务实
- 勤奋
- 坦诚
- 有爱心
- 积极
- 有耐心

- 性情平和

有些女人说这些词时带着强烈的情绪，可以看出，她们在很多时候都遇到了相反的情况，而这加剧了她们对某些品质的向往。毫无疑问，男人也会有类似的列表。

8

The Fourth Floor—
Spirituality Is Not What You Think

公寓的第四层
——灵性和你想象的不一样

"我们的大脑很神奇,它就是一位时空旅行者——不仅能够记住很久以前的经历,也能够具体地去想象未来的可能。大脑非常奇妙,但它却面临着一个巨大的问题。如果放任你的大脑自由自在,不去管它,它就会胡思乱想,去纠结很久以前发生的事情,去担心可能永远都不会发生的坏事,让你不受控制地去为一些小事烦恼。

"发生这一切的原因在于大脑主管情绪的区域无法分辨哪些事是真实发生的,哪些事是想象出来的。简而言之,你的'心猿'会在大白天给你讲可怕的故事,给你的身体施加压力。这会使你一直处在一种焦虑的状态之中。"

已经下了好几天雨了。星期天,终于拨云见日。他走进厨房对她说:"天气不错,我们去海滩怎么样?"她犹豫了一下,皱起眉头,看了看在客厅里吵闹的两个孩子,然后爽快地说道:"好啊。"他们开车去了一个熟悉的安静海湾,沿着海滩散步,狗在前面跑着。在海湾尽头,他们停下来准备休息片刻。孩子们在水边心无旁骛地玩耍。他突然感觉很累,躺了下去,用帽子盖住了脸。她自己一个人又往前走了一会儿,然后沿着海边慢慢走了回来。她拉起他的手。她很久没有这样做了。当他们开车回家的时候,孩子们在座位上沉沉地睡着了。

如果存在外星人,那么他们肯定会对很多人类活动的目的感到迷惑不解。我们做的很多事情从表面来看都是没有逻辑的,不管是在海滩散步,还是种花或宠爱你的狗,但其实这才是生活运转的核心所在。

那么就出现了一个问题：上述活动和以下这些活动有什么共同点呢？比如，冲浪、玩滑板和骑山地车；努力培养兴趣爱好、努力做好一个项目；参加音乐节和摇滚演唱会；去教堂；做爱；参加冥想课或隐居；去爬山、在月光下裸泳、看足球比赛、戴着耳机在客厅跳舞；玩刺激的电脑游戏、听音乐、进行艺术创作；建立一段长期的恋爱关系；成家、养家。

这些事情的共同点会让你惊讶不已。这些活动的核心在于它们都和精神追求有关。如果你问人们"为什么要做这些事情"，他们会回答"因为我喜欢，这些事让我心情愉悦"。如果去探究他们心情愉悦的原因，我们就会发现，答案是"我做这些事时，感觉自己最有活力、最完整、最自我"。

大部分人都会孜孜不倦地去尝试这些明显的非理性行为，会跨越千山万水去追求体验，他们只为了一个目标：在世界上感到自在，并且希望将这种感觉带回日常生活。

生命之初

在婴儿和儿童时期，如果顺利的话，我们大部分时候都会感到绝对的安全和舒适，这种感受来自母亲的臂弯、拥抱和微笑。这种感受的来源会慢慢扩展到父亲深沉的嗓音，和父亲玩耍的时光，还有兄弟姐妹。在洛瑞·李（Laurie Lee）的回忆录《萝西与苹果酒》中，他以一个小男孩的视角描述了这种感觉。

这个男孩成长于工业革命之前的世界，住在格洛斯特郡斯特劳德镇的山谷中。高高的蜀葵盛开着，兄弟姐妹们嬉笑打闹，完全是一个贫穷大家庭日常其乐融融的光景。

我们所有人一开始都是某个整体的一部分。慢慢地，现代生活加诸我们身上，开始将我们从整体中剥离出来，我们和那个整体的距离变得越来越远了。我们不再被别人拥在怀中，不再备受呵护，语言开始代替现实，我们渐渐不能直接感受到自然和爱了。从本质上来说，人类生存的动机始终是回到自己的世界，或与周围的世界融为一体。

任何事都是神圣的

对于有信仰的人来说，我们做的任何事都是神圣的，都是我们生命力量的发端而非终止。就以冲浪（或者爬山、滑雪、参加聚会）为例，即使是未开悟的年轻人，也将冲浪视为充满愉悦的活动。他们驱车前往海边，瑟瑟发抖地在寒冷中体验冲浪，只为了享受踩在浪花上的那几秒短暂时光（槌球可能也是这样的）。随波浪起伏的那一瞬间就是他们快乐的顶峰。

遗憾的是我们不知道怎样全方位地享受这些活动，因此年轻的冲浪者会忽略其意义。我的一位熟人拍了一部关于冲浪的电影，这部电影是在他儿子去世之后才完成的。他在电影里引用了自己的一句话："生命就是用来虚度的，而冲浪就是虚度时间的一种极佳方式。"这一点我不赞同。生命不是用来虚度的，年轻人绝不应该错误地陷入虚无主义。但我还是要为他说句话——他内心深处也是明白这个道理的。哀悼了儿子后，他开始投入教孩子学习冲浪的事业，他知道做实事比发表这种乱七八糟的见解要重要得多。我们生存在这个相互依存的世界，没有时间可以浪费。

打开心灵的地方

有一些书，我即使搬家和旅行也会随身携带，从来没想过和它们分开。其中好几本的主题都是在自然中旅行，比如安妮·狄勒德（Annie Dillard）的《溪畔天问》、姜戎的《狼图腾》、娜恩·谢泼德（Nan Shepherd）的《活山》，还有布赖恩·卡特（Brain Carter）的小说《奔跑的黑狐》（*A Black Fox Running*），以及几乎所有罗伯特·麦克法伦（Robert MacFarlane）的作品等。但其中最值得纪念的是彼得·马修森（Peter Matthiessen）的《雪豹》——这本书是近乎完美的旅行日志，阐述了我们的每次旅行既是外在的游历，也是内心的修行。无数读者用"闪耀着光芒"来评价此书。

《雪豹》的作者并不是一个追求灵性的人，我甚至怀疑他不是一个讨人喜欢的人。他年轻时给人的印象很傲慢、愤愤不平，甚至似乎备受折磨，但是他的诚实让他站稳了脚跟。要写好灵性很难，因此我会具体讲述他的故事，以便读者能通过他的旅程得到启示。

马修森那时正在和那位日后会成为他妻子的女作家黛博拉·拉弗（Deborah Love）恋爱。他刚刚结束旅行回到纽约的家中，结果发现三位禅僧站在黛博拉家的门口。他感觉很气恼［根据他在《九头龙之河》（*Nine-Headed Dragon River*）中所写的］——这些人到底是谁？那时候他和黛博拉的恋爱进展得不是很顺利，他们已经好几个月没有说话了。毫无预料地碰到这些不速之客只会让人觉得尴尬和困惑，至少于一对恋爱中的人而言是这样。之后他了解到，其中两位较年长的僧人在他离开后，摇了摇头，叹气道："可怜的黛博拉！"

马修森是个善于观察的人，这些僧侣给他留下了深刻的印象，一直在他脑海中挥之不去。创作《雪豹》时，他不仅成了佛教徒，也成了世界上对佛教思想与西方文化碰撞的最好记录者，让数百万读者体会到了这种魅力。

只是短暂的相遇，他到底在那三个微小的个体中看到了什么？他是这样说的：

> 84岁的安谷白云是个身材枯瘦的人。他的眼睛凹陷，一对圆圆的招风耳显得很突出。我后来了解到，那天早晨他倒立了很久。在他身旁的是中川宋渊，身材小巧，神情愉悦，既放松又清醒，就像一只静止的燕子，散发着内敛、含蓄的力量，整个人看起来比他的身材要伟岸得多。

> 那位年纪最小的僧人——泰山明德，他有着"宽厚的面庞

和武士的特质",但也"散发着同样的内蕴力量"。

马修森提到了这三位僧侣身上非常突出的特点,即"临在感"[①]。他们的心智存在于身体之中,而身体处在当下那一刻。他们身上有一种由长期的临在感带来的平静。几周后,马修森就开始学习禅宗。他虽然不喜欢,但这恰巧是个充满希望的预示。最终,他屈服于原始的冲动,徒步穿越卡梅尔山脉,来到塔萨亚拉佛寺,作为僧侣开始接受训练。

这就是我们关于灵性的第一课:灵性会显现出来。灵性会彻底地改变一个人,而且别人一眼就能看出你的改变。我们都知道,从动物本能来看,人最终会依照他们的本心行事。我们内心始终存在获得那种平静的渴望。

如何开始灵性练习?

每个人都可以进行灵性练习,如果我们了解灵性的目的,即使是海滩漫步这种小事,也是一种灵性练习,有着深远的意义。

马修森在灵性修行时表现得十分谦逊。关于禅,他说:"禅,是心智时时刻刻的觉醒。"没有比觉醒更难做到的了。

在《九头龙之河》的序言中,他写下了同样的话,这些话

[①] 临在感,是指活在当下。注意力集中到此时此刻,哪怕是某件物品,从而体会到从思维杂音中解脱出来的"存在感",这便是临在感。——编者注

伴随了我的一生。

　　禅被称为"宗教之前的宗教"……这个说法唤起了我们对童年时期所信仰的自然宗教的记忆，那时候，天地本为一体。但是不久后，孩子们清澈的眼睛就被各种想法、意见、先入之见和抽象概念遮蔽了，自由存在的状态被沉重的自我外壳所包裹。直到多年后，这种神秘感消失了，你的直觉才会被唤醒。阳光穿透松林，在感受到美和奇异痛苦的那一瞬间，你的内心被刺穿了，那一瞬间仿佛是来自天堂的记忆。

痛楚刺穿了内心（我们的身体再一次试图与我们进行交流，我们生命之力的核心感受到了真切的疼痛），你曾有过这样的感受吗？在青春期时，我有时会感觉到这种疼痛，并认为它只是一种类似于孤独的可怕感觉。从某个角度来看，它的确类似于孤独，但它也是我们进入那种状态的门槛。如果你感觉生命中缺少了什么，那么肯定就是缺少了什么。疼痛的那一瞬间就像打开了一道门，那扇门通往地球上的一切。不管有没有人类存在，这个世界的鸟语花香和浩瀚苍穹都是你失散已久的家人，正在迎接你的归来。

我的一个孩子现在已经成年，他曾经长期受到身体疼痛的影响。他从小就对窗外灌木丛中的鸟或是山区农场上空翱翔的鹰很有感觉。他会感到一种家人般的温暖，仿佛这些鸟是他的好朋友。很多人都和我的孩子有相似的感受，慢慢把世间万物都当作家人看待。

当我们看到海滩，或是在迷雾中窥见树的轮廓，或是遥望夜空中迅速翻滚的云海时，内心都会有所触动，产生想要创作音乐、艺术和文学的冲动。这种感觉是你的灵魂在对你说："跟随我吧，去发现自我。"

马修森继续写道：

那天之后，在我的每次呼吸中，都有一块空洞渴望被填满。我们成了不知在找寻何物的追寻者。最初，我们渴望找到比自己"更伟大"的东西，它离我们很遥远。这并不是回归童年，因为童年时的我们并没有开悟。我们是为了寻找自己的真实本性，正如一位禅宗大师所说："这是一条带领你回到遗失多年的家园的道路。"

请注意他提到了"最初"，我们会逐渐意识到，我们所找寻之物其实近在咫尺——它一直就在我们身边。

从现在开始，我们的灵性练习来到了第二课。你已经在自己的内心找到了打开自己的钥匙——你感觉到一种沉默而又难以言说的渴望，这是一种真实的身体上的疼痛，你可能会急于用性、嗜好或各种强迫行为（如努力工作、取得成功或获取各种各样的快乐）将其填满。最终你回到了原点，再次陷入空虚。你需要做的是与那种渴望共存，超越痛苦，超越孤独，超越那种缺乏目的和意义的感觉，透过表面的幻觉发现真实的自己。你会感受到爱、意义、目的和平静。你渴望它，正是因为你知道，它就在那里。

亲爱的读者，我们会反复地寻找自我。但是此刻，让你的心柔软下来，去感受你最深层次的渴望，去找寻你遗失的家园。花时间注意它，自然地对它加以关注，否则它就溜走了。一旦找到了这个地方，你就会越来越倾向于生活在这里，你在现实生活中、在这个世界上做自己时，就会感到放松。这并不容易，但是却很简单。想要到达这个地方，你只需停止奔波，等待它的到来。你只需活在此时此刻。

如何完成？

灵性练习的目标都是相同的，即活在当下。马修森写道："禅修意味着时时刻刻觉察到自己存在，而不是在对过去的后悔和对未来的幻想中浪费生命。"所以，我们要学习的第三课是：谨防任何一种宗教对你的影响。因为从本质上来说，它们的目的是相同的——消除个体的分离感，进入生命的核心。

关于宗教，马修森写道："宗教是另一种需要抛弃的执念，就像'开悟'、'佛'和'神'一样。"

分离感的消失可以解决人类的任何烦恼。为什么自杀是最令人绝望的孤独？为什么暴力代表着寻求和平的可怕冲动？我们感到痛苦是因为有分离感,而解脱的方法一直存在。当我对电视和脸书上的信息感到担忧时,我就会走进我的花园里拔萝卜,从泥土的触感中得到平静。

对放手的恐惧

这种融合或妥协并不会从你身上夺走任何东西。我们生来如何,我们的个性、我们的判断力、我们独特的思考方式、我们的才能、我们的贡献以及我们的痛苦和用沉重的代价学到的教训,都是值得庆祝的。我们是为了跳属于自己的舞蹈才来到这里的。但与此同时,我们就像草叶,随风飘摇,在宇宙之轮中与其他独特的有灵或无灵之物和谐相处,美和公正就来自此处。这就引出了第四课,也是最后一课:你既是独立的个体,也不完全独立。这两种说法都是真实的,它们只是你四层公寓中的两个不同楼层而已。每条河、每条支流、每条小溪都是独特的,鲑鱼在千里之外的海洋就能闻到自己家乡河流的味道。而河流能够回归大海,也是充满喜悦的。

以这种方式活在当下,并不是要求停在原地,被动等待。静止的核心其实是动态的,是创造力、想法、勇气、健康和才华的来源。但是只有当它们以整体的形式和合适的方式出现时,才能发挥作用,有时甚至不必费吹灰之力。活在当下,是出自对世间万物的爱。

越南的一行禅师提出的灵修方法更适合我们大部分人的日常生活——我们是父母，要工作和做家务，我们也是妻子和丈夫，要做其他日常琐事。

在越南战争最艰苦的时期，一行禅师招揽了上千名年轻人来重建受到战争重创的村庄和城镇，修建诊所，寻找医务人员，反抗战争双方的暴力行为。后来他的同胞被杀害了，他也逃离了越南，于1976年来到西方。正是一行禅师说服了马丁·路德·金（Martin Luther King）发表反对越南战争的演讲，他被路德·金提名为诺贝尔和平奖的候选人。一行禅师说话的声音很小，但他却以一种不可思议的方式展示着自己的强大。他积累着自己的力量，并最终得到了善果。

所以，你一定要清楚地认识到，灵性练习不是与外界隔绝，它与成为一股强大的力量并不矛盾。实际上灵性练习能够使你提高效率，精力充沛。这意味着你没有抱怨，没有分离感，总是能敞开心扉，赢得人心。

静心冥想指南

达伦69岁了，尽管他已经退役45年，但仍然保持着士兵的健壮身材。他坐着，双腿交叉，手放在大腿上，背挺得笔直。他双目紧闭，脸上的皱纹很深，神情放松。

他以前不是这样的。当初从越南回来后，他开始酗酒，第一段婚姻也因此走到了尽头。他一度无家可归，后来慢慢地稳定了下来，也再婚了，但是那些恶习卷土重来。他想自杀，也一直在反复进行精神治疗。他的第二任妻子和三个继子女一直支持着他，心理医生和药物帮他勉强控制住病情，但也只是控制而已。有一天，他和一群退伍军人一起参加了一项静心冥想课程。虽然对他的病情没有起到立竿见影的效果，但这个课程的确帮助了他，疗愈效果也在慢慢累积。瑜伽课程和一些心理工具可以缓解令他夜夜惊醒的噩梦，给他和妻子的生活带来了全新的变化。

我总是会遇到有着类似故事的人。一位年轻的母亲患有慢性背痛，她告诉我："如果没有冥想，我肯定撑不下去。"一位十几岁的女孩通过冥想来对抗严重的焦虑，她还教会了朋友使用这种方法。甚至小学生也会在课堂上做冥想练习，他们都觉得这是在学校最美好的时刻。

我们经常听到"冥想"这个词，就算我们认为冥想不适合自己，也需要了解它到底是什么。冥想本来是寺院中的僧侣和尼姑们的日常修行方式，后来经过广泛的传播，现在已经成为心理医生的一种常用治疗方法。

赫伯特·本森（Herbert Benson）是一位医学和心脏病学教授，1975年他写了一本颇具突破性的著作，第一次用简练的语言向西方人介绍了冥想。他给这本书起名为《放松反应》(*The Relaxation Response*)，也许这才是能表达冥想含义的最佳短语，因为它强调了冥想的目的到底是什么。放松反应的本质就是当大脑停止干扰时，身体进入的一种状态。

我们的大脑很神奇，它就是一位时空旅行者——不仅能够记住很久以前的经历，也能够具体地去想象未来的可能。大脑非常奇妙，但它却面临着一个巨大的问题。如果放任你的大脑自由自在，不去管它，它就会胡思乱想，去纠结很久以前发生的事情，去担心可能永远都不会发生的坏事，让你不受控制地去为一些小事烦恼。

发生这一切的原因在于大脑主管情绪的区域无法分辨哪些事是真实发生的，哪些事是想象出来的。假设你想象自己在吃柠檬，你的嘴里就会分泌唾液。如果你想起了很久以前发生的争执或受到的羞辱，你的肾上腺素水平就会上升，血压也会随之升高。简而言之，你的"心猿"会在大白天给你讲可怕的故事，给你的身体施加压力。这会使你一直处在一种焦虑的状态之中。

冥想是智者设计出来的方法，可以阻止你的思绪干扰你的身体。即使是开心的想法，也带有一定程度的紧张和压力，因此我们思考时无法完全静下心来。而在冥想的时候，让你的大脑去做一些无害的事情，就像你开车经过冰激凌店的时候，赶快给小孩塞个玩具分散他的注意力。和灵修一样，人们总把冥想看得过于神秘。如果你坐在温暖的阳光下，俯瞰一片花园，或者远眺大海，抑或坐在家里的壁炉边，你就会停止思考，平静下来。你会放下过往的争执，抛弃对未来的恐惧，平静随之而来。冥想只是一种直接进入这种状态的小技巧罢了。当然，一旦开始冥想，就等于开始了一段深度探索自己内心的旅程，你最起码需要在某些时刻完全放下自我，爱上与世界合而为一的感觉，这种感觉会助你克服所有的自负和恐惧。全世界广泛传播的最简单的冥想方法，就是找一个舒适的地方坐下，数自己的呼吸，吸气，呼气，同时关注你呼吸时到底是什么感觉。你需要既温柔又有耐心，因为一开始可能会无法进入这种状态，但你只需要安静地重新开始，就这么简单！

一两分钟后，你掌握了诀窍，放松的感觉就会传递到你的身体各处。你会感受到肌肉在放松，烦恼和忧虑逐渐被抛开。你会数着自己的呼吸，身体像海浪般随着呼吸上下起伏。当这种松弛感到来时，请尽情享受吧。

在这个过程中，你的大脑和身体进入了重启状态，随着一天的开启，这种效果也会持续，并且会改善周遭发生的其他事情。这种效果可能会持续半小时，可能会反复出现、消失，也可能会持续一整天。冥想就是为你储备好放松的能量，以便之后取用。关键在于它对你接下来的一天能产生改变。虽然效果最终会消失，但你可以每天随时冥想，随时恢复。不管是等红灯时，还是在银行排队时，或是在听一位无聊的朋友说话时，你都可以进行冥想。放松反应就像你要吸引一只蝴蝶飞过来，你不能强迫它，但你可以站在那里静止不动，吸引它落到你的肩头。

以下是我的方法（我的精神非常容易紧张，精神状态也不太好，所以如果我能做到，你也可以）。

首先,我会坐在一个安静的地方,比如花园里,周围有一圈栅栏。如果天气比较冷,我就在阳光最先照进来的窗户边铺上毯子,坐在毯子上。你也可以坐在书房的椅子上,或是任何地方。把背挺直更好。最理想的状态是你能够想象自己正盘着双腿坐在垫子上,因为这个姿势就是在告诉你的身体:"我正在冥想。"这个姿势可能会让你的身体前后左右微微摇晃,但这非常抚慰人心,能让你感受到自己的身体。

坐好后,我会设定一个程序,让自己尽快达到平静的状态。我聆听周围的声音,鸟儿在歌唱,割草机嗡嗡作响,远处的汽车在轰鸣。我会花几秒钟去注意这些声音,然后我会注意到离我更近的声音——也许是冰箱运行的声音,也许是风拂过屋檐的声音。然后我会聚焦到更远的地方,就是我的身体。

埃里克·哈里森(Eric Harrison)在他的著作和教学方法中都很喜欢将事情简化,剥离它们的神秘感。他建议长长呼气两三次。(记得让家里人知道你在做什么,否则他们会以为你抑郁了!)这样做就是在提示你的身体开始放松之旅了。虽然看起来有点傻,但这没什么坏处。有的人会发出三次"唵"的声音,这也挺不错的,可以让你的大脑活跃起来。

然后冥想就开始了。你可以开始数你的呼吸,1,2,3……正常呼吸就可以了,数到3就重新开始。

大部分书都建议你数到10或15，但多年的经验让我觉得都不太合适，因为数到2的时候我的大脑已经开始开小差了。我把这件事告诉了埃里克，他咧开嘴笑了笑，说道："你知道吗？这么多年我都数不到6！"所以我决定数到3就重新开始。

关键是，数到几根本无所谓。冥想的目的不是取得成就，所以不要为难自己，你只需用亲切温柔的态度来对待自己。可能其中有3分钟你开小差了，开始了狂野的性幻想，这也没什么，重要的是你要意识到思路偏离了。不要强迫自己进入状态，只需温柔地重新开始。这里有一个很好的技巧可以帮助你：当你在呼气和吸气、仔细地注意自己的肌肉时，你会发现从呼气到吸气的转换点，这是很微妙的事情。你的胸腔和腹腔有自己的转换呼吸的方式。注意到这点，你的注意力就会随之被吸引，会越来越长时间地停留在当下。

你的思维会来回跳跃，但深层的内在（你的心跳以及血压和免疫系统的反应）将变得稳定而放松。松弛感就是这样的：你的呼吸起伏变得顺畅、温和而又深沉；你感到温暖而平和，就像被慈爱的父母搂在怀中。好吧，我说的太多了，但是请相信我，这是一种美妙的感觉。这就是你奔赴的地方，即使只能待几秒，也是有好处的。我们不是为了冥想而冥想。冥想是为了帮助你改善这一天。冥想的效果会持续一段时间，你越熟练，效果就持续得越久，它会让你的反应不那么紧张和匆忙。我很喜欢的一种效果就是时间似乎放慢了，这非常有用，你拥有了更多的时间去思考你的语言、注意你内心的反应。你还能看到一个新的空间，在那里，你可以自己选择想说的话和想做的事。你会暂时远离周遭的烦心事和没完没了的琐事。你对自己和其他人会更友好、更有耐心。最重要的是，这是你的自然状态，此时的你毫无压力。简而言之，在现代生活中，我们几乎随时都处于忙碌的状态，且认为这样是理所应当的。冥想就是让身体和大脑都回归它们原本的状态。还有一点：这种能力会逐渐增强。你练习"回归自然"的每一秒，都是在大脑中建立可塑的神经通路，加强你对当下状态的感知和把握。这些神经的连接会变得强壮，你甚至能够注意到当你离开家时手掌触摸门把手的感觉，注意到水盆中肥皂水温暖的感觉。通过对这些感觉的感知，你也在训练你的大脑感知当下。这个方法永远值得你尝试。

冥想将成为你的朋友，补偿生活给你带来的不如意。它就像一种心灵的按摩，可以扫除你肩上的痛苦和困难，让你享受幸福和平静。

几乎每个刚刚开始练习冥想的人都会注意到一件令人心烦的事：大脑就像一只精神错乱的猴子，冲进以往的悔恨和争端的丛林，闯入记忆（不管是美好的，还是痛苦的记忆）的灌木丛，或者在对未来的忧虑的悬崖边徘徊。更严重的是，它还会开小差,去思考要买什么东西和晚餐做什么,或者回想起某人在脸书上说过的话。其实并不是冥想给你造成了这些困扰,而是你突然之间从一扇窗户窥见了你的大脑一直都在做的事。

这些跳跃的思维对于我们而言毫无益处,不利于大脑进入平静状态,也不利于我们提高效率,更无法给我们带来愉悦。我们所拥有的唯一愉悦就是在当下,我们所拥有的唯一的爱也是在当下。(实际上,关于爱的定义,你如何感知爱的存在,你对爱是什么感觉,一切答案就藏在当你拥有别人全部的注意力的时刻。这就是爱。)最后,我们所受到的唯一影响就是当下,所以我们必须让它充满价值。

亲爱的读者,你也许要照顾家庭,从你早上一睁眼,就要开始做家务,照顾家人;你也许有一份占据了大部分时间和精力的工作,也许要处理私人生活中的难事。这些事情都让你忧心忡忡,所以生活在当下和去荒岛度假一样有效。

同时,浅尝辄止也是有用的。你是否注意到,有时候你会犯些小错,比如弄丢钥匙、做饭时伤到自己、被绊倒或摔倒后受伤、把车撞凹了,或者忘记了某些重要的事,而这些事扰乱了你的一整天。更糟糕的是你和生活中很重要的人(你的孩子、伴侣、亲戚和工作上的合作伙伴)之间摩擦不断,无法顺利沟通。活在当下并不是一句口号,而是高度专注,把每件事做好。花5分钟关注你的孩子,可能会防止他们在接下来的几个月里做出错误的选择。

活在当下是非常重要的境界。在混乱的生活中,你可以活在当下，就像战斗中的武士一样。绝对地专注，绝对地平静，只在正确的时机做出正确的行动。你肯定经历过这样的场景：医生认真诊断你的病情，他们准确地找出了问题出在哪里；你的爱人全心全意地关注着你，与你产生了深切的共鸣。你肯定体会过这些，只是没有多加留意而已。

学习如何活在当下，你的生活就会改变。不要因直面艰难而感到绝望，你只是尚不知道该如何做而已。感知到你所有感觉的能力和活在当下的能力，就像锻炼肌肉，你可以锻炼肌肉的力量，可以让自己的神经通路变宽、增强，练习得越多就越容易做到。临在感是一种被认可的独特的品质——"她的临在感很强"——自古以来就有这种说法。人们会逐渐注意到你的存在。你会发现你与他人的关系更加紧密，工作变得容易了，错误犯得更少了。如果你在寻找伴侣，你会发现某个潜在伴侣的吸引力变得更强了。没有什么事比赢得别人绝对的关注更美好了。希望我这个方法引起了你的关注！

你可以在任何地方训练大脑，从分心到觉察，进而建立神经通路。那种平静感就像雪花在你体内飘落，所有的肌肉都会得到放松。生活总让我们很匆忙，我们需要在适当的时刻让自己重新振作起来。

一行禅师建议首先培养自己活在当下的意识——正念意识，将其分解为几个小任务。他建议我们将这些任务当成每天的仪式，将它们培养成一种习惯。不管是洗碗、刷牙，还是在洗澡后擦干身体，你只需去关注你的感觉，感受肥皂水的温暖，感受毛巾的质地。你还可以更温柔、更缓慢地，带着愉悦去擦干自己的身体。这些从喧闹和忙碌中（消费主义希望你保持忙碌）偷来的时刻变成了珍贵的天堂，你可以逐渐将其拓展，从而解放你的整个生活。

你的四层公寓会始终帮助你度过最艰难的时刻，度过无聊和困惑的时光。首先你需要踏上第一层楼，去注意那些细微的感觉，去感知身体外部的所触、所见和所听；去感知身体内部的微小刺痛和奔流、痛感和压力、肌肉反应和皮肤的反应。起初你会在偶然中体会到这些感受，多做几次，这些感受就能持续一段时间。这时候你应该注意到你需要改变或调整了，需要投入足够长的时间以了解这一刻是独特的，不管是在锁门还是在等红灯，这一刻和其他任何时刻都不同。你也不是以前的自己了，每一次之后你都会成为全新的自己。

每次做这些小事时，你都回到了当下的状态，这就是在建立大脑中的神经通路。灵性和肌肉一样，都是可以锻炼的。你可以在大脑中塑造超级神经高速路，从而远离心猿，活在当下，不再分心，直到这种状态成为你的惯性。当然，你也可以继续冥想，继续行走在圣地亚哥朝圣之路上。但最终都会回到同样的地方：学习如何活在当下。

该用什么态度来对待当下呢？试着用感激的态度吧。你已经享用了美味的食物，也可以洗个热水澡，甚至拥有自己的牙齿！（还记得那些相亲广告吗？"男，61岁，征婚，希望拥有自己的牙齿。"尽管我们不是很清楚他是在说他自己，还是在说他寻求的结婚对象！）你很安全，你的床铺很温暖。关注这些小事，去感谢它们。谢谢你，干净的酒店房间；谢谢你，平安着陆的飞机；谢谢你，阳光照耀的厨房窗台。

将这些你在日常生活中不得不做的事变成一种回归当下的仪式，很快你就会无法忍受你曾经习惯了的忙碌疲惫的状态，你不会再像以往那样生活了。

你也不会再过于看重自己。奥尔登·诺兰（Alden Nowlan）是一位备受喜爱的加拿大诗人，他40多岁时生病了，接受了好几个月的治疗，但毫无效果。就在生命快要结束时，他来到了海边，住在一栋房子里。他每天会花好几小时盯着海面和遥远的海岛，看云海翻滚，海鸟掠过。他说，这让他感觉一切都是永恒的，自身根本无足轻重。这种想法给他带来了平静，病情也好转了。

如何知道某件事会出问题？

几年前我有了一个重大发现。每一次，真的是每一次，当我用应付的态度想"赶紧做完"某件事时（因为这件事很无聊，或者我很着急，又或者我必须先做完这件事才能去做其他轻松有趣的事），就会出现相同的情况：这件事情总会出问题！

有时候只会出点小问题，有时候却会出大问题——或许是"螺栓掉进发动机"的大问题，或许是需要进医院的严重问题。当你在完成一项任务,并且希望这项任务尽快做完时,你肯定会花更多的时间,或者面临重做一次的情况。

我们生活中80%的时间都在做无聊、徒劳之事(但又不得不做),因此每天在不经意间就结束了。我不会因为觉得热而停下来脱毛衣,因为这会放慢我在花园里挖水沟的速度。我根本没有注意到我很热,因为我"心不在焉",但是我却注意到了我非常讨厌挖沟。有这样一个故事:一个人在路边汗流浃背地砍树,不过他的斧子很钝,根本砍不动树。一个路人看见,告诉了他这一点。他很生气地大喊:"我没时间磨斧子!滚开!"

这个故事让我注意到,当我想赶紧做完一件事时,通常效果都很不好,也许还会造成严重后果。解决的关键是转变态度,带着愉悦和专注来做这件事。

在你失去一切之前

关于灵性,我们需要了解的最后一点是,它很难,不适合懦夫。

灵性之所以很难,是因为它要帮你储备能量,以应付生活中无法避免的苦难。读一读杰夫·福斯特(Jeff Foster)的这首诗吧!

> 你会失去一切
> 你的金钱,你的权利,你的名声,你的成功

你甚至可能失去你的记忆

你的容貌会老去

你的爱人会死去

你的身体会腐坏

看似永恒之物都是暂时的，都会分崩离析

经验将逐渐消失，也许不是逐渐

它会剥夺一切可以被剥夺之物

觉醒意味着睁开双眼面对现实，不再逃避

但是现在，我们站在神圣之地

为那些即将失去但还未失去的人、事、物奋斗

这才是迈向无限喜悦的关键

你生命中的人、事、物都还未被夺走

也许这微不足道、显而易见，但请明白这是一切的存在关键、理由和方式

无常让你身边的一切和每个人都变得神圣和重要，它值得感激

失去已然将你的生活变成了祭坛

你能听懂（明白或者感觉到）他在表达什么吗？你需要准备好随时失去你所爱的一切。生活就是如此。但你可以利用这一点做些准备。对于所在意的一切，你需要在它们失去、毁灭

和消亡之前的每一秒进行冥想，结果自然而然就会呈现在你眼前。你不用去假装，你会更加清楚地意识到你周围事物的珍贵和神圣——你不完美的伴侣、吵闹的孩子和贫乏的生活，以及环绕在你身边的自然世界——一切都变得明晰、完美，你会非常平静地接受它们。

最后一点

很多人对于灵性有两大错误认知：灵性是一件私事；灵性的目的是超越普通生活。这是严重的误解。

个人幸福只是灵性的副产品，而不是灵性的目的。实际上，灵性的目的与它刚好相反。你把根须深植于土地的唯一目的，就是将自己的枝叶伸展到更高的地方，让这棵树强大到可以抵御风暴，这样才能庇护身边的人。我们都知道，树是生态环境的保护者，成为像树一样的人真的很酷！（不要成为像卷心菜一样的人！）

意识到自己是万物的一部分意味着你在意这一切。如果你知道在世界上的某个角落有一个孩子，他很害怕、很痛苦，你会感到不安。你和世界是一体的，你处在永恒超脱的平静中，但你仍然会去关心他人。你一直在寻找让世界变得更好的方法。不付诸行动的灵性就是一场虚假易碎的幻想。那些在灾区做志愿者的人，即使他们从未吟诵过经文，也比我们更接近神。

第四层楼直接通向天空。它能让你更全面地去看待自己的这些担忧，让你自由地冒险、做出牺牲，让你变得异常勇敢。一旦为人父母，最安静的人都会为了保护孩子而变成凶猛的野兽，释放出惊人的强大力量和能量。也许只有这样，人类才能成为更高尚的存在；只有这样，我们才能成为完整的人。

灵性——反思练习 1~5

1. 在读这本书之前，你认为自己有灵性层面吗？

2. 如果你的答案是"没有"，那么读完本章后，你会开始灵性练习吗？

3. 你在何时何地最能感受到自我边界变得柔和，与宇宙愉悦地融为一体？（本章认为灵性是人类思维的基石或深层操作系统，没有它，我们无法生存。）

4. 你是否注意到，灵性练习会改变和改写你生活的重心，或者解决你思维和生活的不同层面上的困难？

5. 你是否发现自己有充满活力的时刻，希望每天都拥有这样的状态？

9
Being Fully Human
成为完整的人

"这就是超感知和心智的四层公寓始终在告诉你的东西——你真正想要的、真正需要的是什么。这是一套卓越的指导系统。在写这本书时,我将这些知识应用到自己身上,不断地放弃做很多事情的冲动。这是一种有趣的时刻。有时候,我听从身体的需要,几乎一动不动地坐在花园里,看着鸟儿和天空。我很惊讶,因为这样做的时候我心情很好(我也可以在世界的另一端度假、爬山、参观名胜古迹,这些都是流行的活动,但做这一切时我仍然感觉不太好)。"

在本书的最后一章，我会适当融合之前说到的关于超感知和四层公寓的所有内容，以帮助你摆脱束缚，获得自由，建立更美好的人生和世界。

让我们从一个简单的问题开始："怎样能让你快乐？"有一种方法可以回答这个问题，那就是把这句话补充完整："我只有在……时才会真正快乐。"你可能只有一个答案，但是对许多人来说，这个答案可以密密麻麻列满一张表格。有时候，你值得将这张表写下来并照此执行！

大多数人的答案与他们所处的人生阶段有关。因此，他们可能会给出以下答案：

当我找到一个很优秀的伴侣并与之结婚时，当我找到一份体面的工作时，当我摆脱了不幸福的婚姻时，当买了房子的我们可以好好度个假时，当我的孩子都读完大学时，当我退休之后拥有了自己的生活时,当我中彩票时……

有些人的列表取决于特殊的情况:

当我的女儿不再抑郁时,当我的丈夫出狱并过上正常生活时,当我的爱人癌症康复时……

一旦满足了这些条件,我们就会告诉自己,终于可以轻松地呼吸并享受生活了。每个人都渴望实现这样的日常目标——谋求爱情,谋求生存,保证财务安全——我们也应该将主要精力放在好好生活上。

很久以前,我在美国旅行时,在科罗拉多州的一家小书店里发现了一张明信片,至今我仍然随身带着它。明信片上的照片是在一间老旧小木屋的窗边拍摄的,木质窗框裸露着,外面是险峻的山峰,还有一些小小的开花植物爬满了木墙。明信片上写着:"没有道路可以通向幸福。幸福就是道路。"

幸福就是道路?这是你的超感知一秒钟就能捕捉到的想法,而你的逻辑脑却会经历一番挣扎。我有一些来自西非的朋友,在他们的文化中,人们从来不说"再见"。他们会说:"如果上帝有意愿,让我们下次见。"在那个充满危险的地方,一切都充满不确定性,没有什么是理所当然的。但是奇怪的是,这些朋友是我认识的最喜欢笑、最精力旺盛、最热情奔放的人。他们是否知道保持活力并继续奋斗的秘诀呢?系统性种族主义、不平等、环境灾难正在蔓延——所有这些都使数十亿人的生活充满了痛苦和忧虑。我们迫切需要面对这些事情并与之斗争,如果说幸福就是道路,那么为他人奋战也是幸福吗?是否先为他人付出，才能获得幸福？这是不是就是生命延续的秘诀呢？

纵观历史，很多人同意这一点：延迟幸福的想法并非出于人类的自然天性，它是建立在封建时代被歪曲的基督教义的基础上的：遥远的天堂会在未来出现，因此眼下的奴役和贫穷可以容忍。

如今哲学家和心理学家都严重质疑，"追求幸福"是不是一个有价值的目标，因为我们现在意识到，情绪的本质是短暂的。幸福很重要，但你无法抓住它，就像蝴蝶一样，只能等它飞过来停在你的肩膀上。这是命运的恩典。我们想要一种更坚实、更深入的东西，一种超越当下的满足感和使命感。毕竟，谁又希望自己的内心像过山车一样呢？

迪特里希·朋霍费尔（Dietrich Bonhoeffer）是生活在第二次世界大战期间的一位年轻的德国牧师，他从纳粹集中营逃往美国，但他因为抛弃了自己的同胞而感到非常难过，于是选择回国并组织了一次抵抗运动。最终他被捕入狱，在战争结束的前几天惨遭杀害。从他的著作和书信中，可以明显看出他的内心处于很平和的状态，对于自己的选择，他觉得完全正确。他是与你我一样的普通人，但是，他已经弄清楚了自己的内心。在内心深处，我们真正想要的是"整合为一"。让我们四层心智公寓的所有楼层都指向同一方向——我们的身体、情绪、思考和灵性都指向同一方向，这会使我们有一种深切的幸福感。这就是"道路"——这就是走在正确道路上的感觉。幸福感来来去去，但内心深远的平和感在逐步建立并加强，绝对值得我们为之努力。

我们的祖先几百万年来从没有构想过如何进步，没有视生活为不断向上的竞赛，而是将生命本身看作一种美丽的存在。他们知道，生命是一个圆。大自然就清楚地教会了人们这一点：夏去秋至，冬去春来，日升月落，生老病死。如果说我有什么遗憾，那就是我花了太多时间去实现某些臆想中的目标，为虚假的紧急情况而烦恼不已，在人生之路上错过了太多的快乐。如今我已经老了，放弃了对这种目标的执念。虽然对衰老、疾病和死亡的恐惧依然在我心中荡漾，但今天的我可以悠然地坐在那里看孩子们玩耍，任鸟儿从头顶掠过。哪怕去世很久，我的生命之树依然会枝繁叶茂。"生命仍在继续"本身就是件好事。这已经是生命的慷慨馈赠。即使只经历过转瞬即逝的美好，也是一种平静的喜悦。

幸福是一种技能

当前，幸福是心理学研究的主要领域。研究幸福感的心理学家们已经确定，（在满足基本需求的前提下）一个人幸福或不幸福与环境完全无关，充满幸福感实际上是一个性格特征，或者可视之为一种思维习惯。我们每个人都有关于幸福的默认设置，而这些设置丝毫不会受到我们生活中的事件的影响。一个脾气暴躁的人就算中奖，也将在几小时内恢复到脾气暴躁的状态，原因可能是领取奖金需要缴税；而一个性格开朗的人可能会在发现自己的车在停车场里被撞出凹痕时，只把它当作"生活中的一件小事"，即便是他的房子被烧毁，他当时会十分崩溃（这是人类释放感情的正常现象），但很快也会恢复乐观，继续生活。

有人说，结婚会让你快乐一个星期，买一辆新车可以让你快乐一个周末，一台新的电视、电脑、冰箱或一套西装，可以让你快乐几小时。然后，你就会恢复原样！

请根据你的经历进行自我评估。我们大多数人都认识一些幸福的人，我们喜欢和他们在一起。他们不是在伪装，幸福也不是一种流于表面的光鲜，不是虚张声势。他们的确是乐观的，并且总是乐于尝试。他们真实地做自己，不瞻前顾后，不在意那些无关紧要的事情。他们是如何做到的？

我唯一的姐姐叫克里斯汀，她非常温柔，喜欢手工制品、动物、孩子和大自然。30多岁时，她患上了多发性硬化症，直到60岁去世。她努力在一个小农场里养大了两个孩子，过着令人羡慕的生活，这一切都有赖于她所在的社区和澳大利亚先进且免费的医疗体系，以及她的好丈夫。不过，她的生活依旧很艰难，最后她告诉我，她渴望结束这一切，安然离去。她已经无法忍受自己身体上的病痛，但是30年来她的行为举止一点都不自怜。当她被问及过得怎么样时，她会诚实地回答，但很快就会将重点转移到询问对方的生活如何上。她是一个富有同情心的听众，你会不知不觉地告诉她自己的所有麻烦。跟我们一样，她也只是个普通人，但在人生之路上的某个时刻，她选择了让自己幸福，并因此活成了一座灯塔。

脱轨的文化

我们每个人都有独特的过往,只有针对自身情况进行检视,才能找到伤害过我们的东西。我们必须消除在童年时代接受的错误观念和不必要的自我限制,才能最终获得自由。

但是,并非所有的误解和限制都是个人造成的。如果我们整个社会,即已建立了数百年的文化本身就有深层的病症,对生活的答案有根本的"错误认识",那会怎么样呢?数十亿人将被迫误入歧途,遭受不必要的苦难。而文化本身也可能受到伤害,偏离理智和平衡的路线。如今我们的文化当然有这样的问题。如今世界上最大的集体错觉,就是对"如何找到幸福"的误解。

以下是关于幸福的四个错误说法:

1. 存在一个叫作幸福的地方;
2. 幸福就在未来;
3. 如果你抓紧时间,如果你努力工作,如果你领先于其他所有人,那么你就可以得到幸福;
4. 为了实现这一目标,牺牲生命中几乎所有的东西都是值得的,因为一旦得到幸福,你所有的难题都将迎刃而解。

我猜想,至少有75%的人会同意这个理论,并且一辈子都在尝试以这样的方式生活下去,这也是西方文明的核心神话。当然,这是完全错误的。

我们迫切需要改变我们的社会赖以生存的谎言。太多人一生都会做自己非常讨厌的事情，而不是做真正喜欢的事情，因为他们的目标是拥有大额银行存款、高档的住宅，环游世界或过上无忧无虑的退休生活，抑或是实现所有这一切，但他们却错过了自己的当下。

几乎没有人解释过这种现象，英国哲学家艾伦·沃茨（Alan Watts）也没有。对于在20世纪五六十年代长大的人来说，沃茨的书搭建起了东西方哲学之间的桥梁。他指出了东西方哲学的主要区别。在古老的东方（与今天截然不同），生活并不总被视为一条直线，而是一个圆。儒家思想、道教和佛教都强调朴素的生活，因为这使人自由。楚威王听说庄子的传闻后，派出使者不远千里地邀请庄子入宫。庄子面对使者，淡然且有礼地低语道："我听说，皇帝在一个木盒子里放了一只3 000岁的乌龟。对于这只乌龟，是死去后被供奉在庙堂以示尊贵好呢，还是活在烂泥里好呢？"使者听懂了他的言外之意，这次不远千里的召唤也就到此结束了。

艾伦·沃茨在他最受欢迎的演讲之一《对立统一》（Coincidence of Opposites）中，讲述了宇宙是如何运行的，这是我们生活在宇宙中必不可少的知识。

存在于这个物理宇宙之中，基本上是一场游戏。存在本身并没有任何必需品。它不会去往任何地方，也就是说，它没有确定的、应该抵达的目的地。我们可以用音乐做类比来理解，因为音乐作为一种艺术形式，本质上也是一种游戏。我们说"你'弹'（play）钢琴"，而非"你'做'（work）钢琴"。

为什么？因为音乐不同于旅行。只有当你旅行时，目的才是努力到达某个地方。

在音乐中，人们不会把一首曲子的结尾看作全曲的重点。否则指挥家只需要直接全速演奏到最终部分就好了，作曲家也只需要写终曲，人们去听音乐会也是为了听到最后那个最好的和弦，因为那是最后的结尾！再举个例子，跳舞时，你不会只瞄准房间中的某个特定地点，即你心目中认为的应该到达的地方。跳舞的重点就只是跳舞。

关于沃茨讲的这一点，你在静下来的时候可以考虑一下：这对我的生命来说意味着什么？是我忘了演奏和跳舞吗？他是在说所有生活都应该像舞蹈一样，不只盯着终点吗？还是说人生应该有更多的乐趣，这样才能有精神饱满的工作状态？当然，跳舞的确有一个目标——它具有美感和律动，而且与音乐、舞伴融为一体可使我们更加健康和长寿。跳舞还有一种社交目的，某种程度上，跳舞是为了释放自己，让自己成为节奏的一部分。它不是没有目标的，而是以某种方式专注于过程。沃茨并不是为混乱无序的生活辩护。跳舞是一门学问，同时也是一种释放。做爱是跳舞，谈话是跳舞，做园艺是跳舞，为人父母也是跳舞，设计一辆汽车、规划一座城市以及带领一个国家实现和平与和谐都是跳舞。而后，我们便自然而然地达到了某种境界。

沃茨先生的演讲还在继续，他为我们如何生活做出了非常重要的点拨，特别是对于那些抚养孩子的父母而言。他描述了向人们灌输观念的过程，描述了个体从上学到职业发展过程中经历的集体催眠及其带来的可怕影响。

但是，我并不认为"生存的游戏本质"这一观点是教育带给我们的。我们的学校教育给人以完全不同的印象：用分数来分出等级。我们将孩子带到这个分级系统前，对他们说："现在你要上幼儿园了。你知道吗？这是一件很了不起的事情，因为上完幼儿园你就可以升入一年级了。"然后——加油——一年级完了就上二年级，以此类推……读完小学和初中之后，又读到高中，而且越来越快了——接着，大事来了！——然后你就要上大学了，天哪，之后便考上研究生，完成研究生阶段的学习后，你便会进入真正的世界。之后，你进入一家保险公司，卖出第一份保险，接着你源源不断地赚钱，一笔笔提成进了你的腰包。它来了！它来了！那件伟大的事情，就是你所追求的成功。

然后，当你有一天醒来时（那时你大约已经40岁了），你会说："天哪，我已经做到了！我成功了！"而此时你的感觉与以往并没有很大不同……看看那些即将退休并有了充足积蓄的人。当他们65岁时，已经没有能量了，他们多多少少变得有些无所适从，在一个属于自己的群体——

"老年人"中垂垂老去。在整个过程中，我们一直都在欺骗自己。我们将生命比喻成一场旅行，以朝圣的方式来思考生活，而这场朝圣最终就是为了达到某种目的，那就是取得成功——无论是哪种意义上的成功，又或者是去往天堂（在你去世后）。但是我们全程都忽略了这一点：生命是一种音乐，音乐尚在播放时，你应该载歌载舞。

意识到这种人生态度的可悲，沃兹选择随着音乐起舞，直到生命终结。如果音乐停止后才能意识到这一点，便为时已晚。我们一直都在追逐错误的目标。生活中平凡而美好的快乐——阳光、鲜花、动物、充满爱意的伴侣、孩子、朋友、海滩，都已被走马观花地匆匆掠过，不知何日能够重拾。我们就这样荒废了自己的生命。

读到这里，请你带着这种悲伤仔细思考一下。你是这样的吗？你认识的人中有这样的吗？他们是你的父母吗？抑或是你已经成年的孩子？对于人类来说普遍如此吗？如果我们做出改变，又会怎样？

"哈！"你可能会说，"如果我们所有人都游手好闲，没有人好好工作，没有人挖矿，没有人建造城市，没有人培训医生，没有人驾驶飞机，那么你所说的这个乌托邦世界会持续多久？谁来养活你？"这有点道理。我们不像克罗马农人那样拥有大量野生动物可以捕猎食用，也没有广袤无垠的土地可以游荡。

想要从混乱的文明残骸中走出来并不容易，但至少我们可以放慢冲锋陷阵的脚步，放弃那些"获得更多就能更快乐或更安全"的幻想。在探索更好的道路时，我们可以试着摆脱过剩的文化。这样，我们就可以在阳光下欢笑，热爱并珍惜我们周围的一切。

我们可以保留有益的事物，并将其调整为可持久存在的东西。我们的文明建立在可怕的混沌与超负荷的满足之上。我们因此变得麻木，只有得到更多才能满足。

这就是超感知和心智的四层公寓始终在告诉你的东西——你真正想要的、真正需要的是什么。这是一套卓越的指导系统。在写这本书时，我将这些知识应用到自己身上，不断地放弃做很多事情的冲动。这是一种有趣的时刻。有时候，我听从身体的需要，几乎一动不动地坐在花园里，看着鸟儿和天空。我很惊讶，因为这样做的时候我心情很好（我也可以在世界的另一端度假、爬山、参观名胜古迹，这些都是流行的活动，但做这一切时我仍然感觉不太好）。

有时候，我走路或运动不是出于任何目的，而仅仅是因为当时我想做这件事情。我的肌肉似乎在告诉我："快使用我们！"窗外的世界在呼唤我。在室内时，则可以读读书或看看视频。你猜怎么样？有时写作的冲动不断产生，人也变得超级有效率、有条理、充满活力，我就一小时接一小时地努力工作，完全忘记了时间。这正是我写这本书时发生的事情，太有趣了。我希望这一点能够帮助其他人，至少它帮助了我，这就是一个好的开始。

不是必须努力才有成效

安然享受当下，并不是让所有的事情都停下来，而是仿佛突然之间，你不再为追求速度而糊里糊涂地生活，不再浮于表面，生活变得比之前精彩百倍。它变得既苦涩又甘甜，既深刻又轻松，这一切几乎同时而至。"在静默中，找到了跳舞的感觉。"

还记得你第一次爱上某人时（那是你第一次真正触碰到另一颗心灵，也许是个偶然）的感觉吗？是不是电光石火一般？那是因为你全身心地沉浸在当下，除此之外，你什么都没想。你可以始终拥有这样的强烈感应，你可以爱上自己的生活。哪怕是痛苦的一面，也是生活，也是一种舞蹈。

寂静就像一座喷泉，那里悄然发生了一切。关于这一点，美国作家安妮·迪勒德从另一个方向描写过。她说去大自然中坐着、去野外时，总有一些事情会发生。不断地创造是造物的本质，请让它也创造你。

如果你不再给自己施加压力，或者作为父母，不再向孩子施加压力，那么就不会导致生活分崩离析。实际上，它会带来一种非常扎实、富有创造力和健康的平衡。生活依然在继续，只是朝着更好的方向发展。你会发现自己仍然心怀目标和方向，但不再是强制性的。你将与自己的生活共舞，并相信自己的内心、孩子的内心、伴侣的内心，从而达到一种和谐与美好。有些孩子不用上学却能学得更好。植物在没有被我们修剪枝叶的情况下生长得更茂盛。即使只朝着这个方向稍微走几步,也可以重建一些理智。实际上,这是最好的进步方式。

要摆脱"总有一天我会快乐"这个毁灭性的信念并不容易,但你的身边有各种可以借助的力量,因为你保持了自己的动物性,精密的身心系统正在为你提供帮助。它不是一个程序,而是像你的大脑那样与你周围的世界互动,认真聆听和追踪,从而开始自我整合。

跳出生活,了解内心需求

新冠肺炎疫情防控期间,数百万人不得不待在家里,一些有趣的事情发生了。人们脱离了在偌大的世界中生活的烦恼,有些人甚至度过了一段美好的时光。当我在脸书上的父母社群询问大家过得怎么样时,我收到了各种各样的回答。由于工作繁重,还有孩子要照顾,有些人过得很糟糕,他们甚至期望能以某种方式把家变成一个8小时教室。但也有很多人发现,他们非常享受这个隔离期。生活变慢,家庭成员之间更加亲密,时间似乎有了新的节奏和流动感,这是之前从未有过的。

享受这种乐趣的关键似乎在于释放日常生活的压力——尤其是要求孩子"进步",不能"落后",或者"绝不能掉队"的压力。学校(善良、勇敢的学校)也对家长说:"眼下的功课不那么重要,让孩子花一两个小时完成基本练习就可以了。"态度上的转变开始了，这种顺其自然的做法可能对每个人的心理健康和幸福都是更好的。而且，这种"看似不学习，其实并没有停止学习"的状态，比强迫孩子学习更有意义，还能让他们学到关于人生的课题，帮助他们找到职业理想，成为有创造力和上进心的成年人。这一切都是颠覆性的。

如今，有一种被广泛使用的自助方法——感恩日记。每天晚上睡觉前或早晨醒来后，必须写出（我很确定人们基本都是随便写的）五件你要感谢的事。这是纯粹而简单的大脑塑造过程，让你去关注自己所拥有的而非自己没有的。只要真诚地去做，很快你就能重新获得更好的视野。（这一点很重要，我们生活在一个被广告信息轰炸的世界中，这个世界向你展示着各种你没有的东西，令你感到痛苦。如果你任由世界摆布，它就会让你感到不满。）

毕竟，幸福只是一种感觉，而感觉自然会有起伏。重要的是，我们可以通过制订计划或控制条件而获得幸福，但有时也会偶然获得幸福。你总会听到这句话："我们拥有的财富很少，但我们拥有很多乐趣……孩子小的时候……那时我们度假的计划全都泡汤了，所以我们只能临时起意安排假期。"老年人更理解这个说法："其实那时我很开心，但我当时不知道。我希望能回到那个时刻。"自从学到这一点，我就开始训练自己，让自己在快乐发生的时候，就切实地感受快乐——就是这样！我沉浸在幸福之中。我正沿着乡间小路行走，这时阳光从云层中透出来。我的孙子在我前面跑过一片开阔的草地，鸟儿盘旋着飞过头顶。虽然明天得去看医生，但那是明天的事。忘掉完美，你才会深深体会到完美究竟是什么。

痛苦也是其中一部分

上述内容给我们带来了一个问题：痛苦。我们该如何处理痛苦？痛苦无法避免，我们要怎么做才能防止事情变得更糟？20世纪70年代，两位美国冥想老师——斯蒂芬和昂德里亚·莱文（Stephen and Ondrea Levine）夫妇做了一件令人惊讶的事情。他们为遭受悲痛的人们提供免费电话服务，设置了一条热线，并亲自接听。在他们合著的《在边缘相见》(*Meetings at the Edge*)一书中，他们将与呼叫者的通话称为"在地狱中敞开心扉"。他们相信，处于最不利、最可怕的环境时，正是我们流泪、感受并释放愤怒、恐惧地颤抖、走出困境、准备去爱并保持心境平和的时候。换句话说，我们可以使用四层公寓来平复情绪。

他们曾接到一位家长来电，说自己已成年的女儿被绑架、折磨并残忍地杀害了。从那以后，夫妻俩承受了多年的痛苦，无数次回想起女儿死亡的细节。然而，渐渐地，他们通过与莱文夫妇交谈（如果没有得到指点，他们可能要经历更严重的痛苦），意识到一个简单的事实：他们的女儿只经历了一次这样的痛苦。虽然这种痛苦像人们所想象的一样可怕，但是是有限的。好的父母会与他们的孩子共情，通过不断让自己处在孩子的位置来展示对孩子的关爱。他们不知不觉地掉入陷阱,不停地回想孩子最后一小时、最后几分钟的遭遇。实际上这无济于事,既不是怀念女儿的正确方式,女儿也不希望他们这样。于是,他们开始放下束缚和悲伤,也因此记住了女儿的幸福、温暖和生命力。

从出生到死亡的历程中,我们所有人都会经历很多次强烈的情感上的痛苦。为了拥有幸福和快乐,我们也必须经历悲伤和不幸。如果我们顽固地拒绝悲伤,便只会感到沮丧。

悲伤本身就遵循着这种波浪般起伏的模式。我们会经历悲伤的几个阶段。我的许多来访者都对此进行了描述。在他们遭受某种损失、受到沉重打击后,过了一个星期或一个月,他们就开始有说有笑,或者享受一顿大餐带来的喜悦。这时候,他们会突然想,这样好吗?我可以笑吗?能不能暂时感受一点幸福?事实上,你不仅可以感到幸福,而且这是治愈悲伤的唯一方法。你要做的就是跟随和接受这种起伏。正如心理治疗师谢尔登·科普(Sheldon Kopp)所说:"我们问上帝:'为什么是我?'上帝回答:'为什么不是你?你完全可以承受它。'"

威尔逊海角和考德威尔先生

当我在学校读九年级时,一位刚毕业的新数学老师考德威尔先生来到我们学校。他表面很严峻,私下里却很开朗活泼,令我们高兴的是,他成了我们的班主任。

在第一次班会上,他宣布,每个星期选一位同学向全班讲述自己的故事。我们照做了。听到与自己朝夕相处的人讲述不为人知的故事,像是揭开了真相。我们开始将彼此看作一个真正的人了!

而这仅仅是个开始。他给所有人写了一封信,说他将会拜访我们全班35个学生,并与父母讨论我们的未来计划。(有传言说,考德威尔先生家访临近时,有人甚至重新装修了客厅或更换了一套全新的家具!)他对全班学生的智商进行了统一测试,这是他要向父母展示的东西。在那个年代,大多数孩子14岁就离开了学校,更何况我们那是一所工人子弟学校。有了这些数字进行佐证,他告诉学生父母,他们的子女是上大学的材料,他们一定不能阻止孩子,因为孩子可能会成为医生或律师。这样做是非常勇敢的——确实闻所未闻。学生们的人生因此而改变了。

那一年晚些时候,几个朋友说要去他家拜访,我也跟着去了。我们骑着自行车到了他家,令我们惊讶的是,有几个孩子正在那里很努力地学习(那是星期六的早晨)。孩子们在做作业,好像这是世界上最自然的事情,而考德威尔太太,一位神态轻松且富有艺术气息的年轻女士,给我们端来热巧克力。我们以前从未来过老师的家里——我们瞥见主卧室的床头上方有一幅裸体画,这在当时是非常前卫的!

大约年中的时候,他宣布我们将在威尔逊海角(我们称之为 the Prom)国家公园建立一个集体训练营,这是一个我们只在冲浪运动员的传奇故事中听说过的国家公园。那时没有人参加过任何训练营，我们也从未听过这种说法。我们搭考德威尔先生的车一起去那里，车整整开了一天。我是三个受邀参加迷你训练营旅行的人之一。我们三个都是班上最内向、最不爱社交的孩子。这对我们意义重大。

威尔逊海角当时成了我的精神家园。在青春期的尾巴，我的生活开始慢慢打开了，我找到了我的"部落"，和许多朋友多次去那里朝圣，无论冬夏。广阔的海滩，覆盖着荒地的连绵起伏的丘陵，可以攀登的花岗岩山峰，在哪里都能看到大海。在这个地方，你会找到自己对这个世界的归属感。我们在那里度过了一段非常美好的时光。

几十年后，我在2015年专程回到了那里。那是一次朝圣。到达的前一天晚上，我住在公园入口附近的小屋里，慢慢体会这种回到了精神家园的情绪。第二天早上，我租了一辆车，进入公园，打开收音机。澳大利亚广播电台中，有一个人正在接受关于领导学校的采访。主持人在采访的结尾确认了受访者姓名，而我早已知道那是布赖恩·考德威尔。他现在是一名教育学教授。这一切将我再次带回了威尔逊海角。

我们需要彼此

心理自助书常常犯这样一种错误（事实上可以说是欺骗），那就是我们凭借自己的力量可以得到疗愈。但这绝对不是人类应有的运作方式。我们是集体的一分子,而非独立的个体。一个孤独的人不是一个正常运作的单位。

有些时候(事实上,是经常),人们会感到生活的痛苦实在令人难以独自承受。我们内心的小孩能够感觉到周遭的压力,而每个小孩都需要一个平静而又坚强的人助他脱离困境。我们需要他人,这意味着至少存在那样一个人,我们能够且乐于信任他,相信他能够接住我们所有的情绪,对方不会感到惊慌,也不会被击溃,在心里对我们筑起壁垒。

心理学方面的任何学术培训都无法赋予你这种能力,但是生活一定可以。我曾经告诉我的学员:"除非你遭受过痛苦,否则你无法帮助任何人。"你必须从内心深处知道真正的痛苦是什么样的。(我们曾经遇到的许多医学专家似乎都缺乏这一重要部分的培训,因此变得无情、傲慢,做他们的患者是一种精神折磨,这本身就是一种创伤。)生活是艰难的。"终有一天,一切都会好起来"的想法其实往往难以实现,我们必须接受这种可能性。尽管如此,我们仍需拥有笑和爱的能力。

美国著名海军军官詹姆斯·斯托克代尔(James Stockdale)在最终获释之前,在越南被囚禁并经受拷打长达7年之久。詹姆斯发现了一个矛盾情况,即他的狱友们并没有因为坚信"一切都会好起来""我们会在圣诞节或复活节之前离开这里"而生活得更好。当日子一天天过去而希望破灭时,他们感到了绝望,在痛苦的折磨之中走向了死亡。而詹姆斯始终牢记,自己可能永远不会被释放,但并没有因此放弃生存的意志,他拒绝让他人决定自己的心态。他至今依然活得很好。

遵循本书的思想,你在生活中会发生巨大的变化,但这是否能解决你的问题? 可能不会(也许你会遇到更多有价值的问题)。你爱得越多,就越会感到悲伤。问题在于——即使知道这一点,你是否依然愿意敞开心胸生活? 如果你愿意,你就能得到很多欢乐。这就是我们存在的意义。

四层公寓将会引领你的人生。你只需要开始行动。当你审视自己一路走来的日子时,看看是否可以身心统一。聆听那些微小的感觉,它们是你对周围所有事物的反应,让你的内心体验深刻的悲伤和痛苦。有时你会因恐惧而颤抖,释放这种情绪,你会感到充满正义的愤怒,然后将其转化为坚定而有耐心的行动。让自己在那样的愉悦中静静地享受一下吧。好好思考。要记住自己与万物同在——他们爱你,而且他们就是你。宇宙星辰造就了你,有一天也将带你回到宇宙。我们都只是吹过草丛的风——不多,也不少。

关于作者，如果你想知道……

当你开始读书时，你的脑海中将会开始一段宁静的旅程。你的大脑不禁会试着想象作者，想"搞清楚他们"。他们是否有足够的智慧值得我们学习？他们是否动机纯粹、为人真诚？还是只是"出于赚钱的目的"？读一本书就是进行一次对话，你自然而然地想知道自己在和谁聊天。所以，请往下看。

我已为人夫、为人父，还当了爷爷。多年来，我在世界各地工作，但我的家在塔斯马尼亚岛上的一个小社区。对于英国读者来说，在塔西（Tassie，塔斯马尼亚岛的别称）生活就像回到了20世纪50年代，但是这里有女权主义，也有互联网——真是个好地方！这里环境静谧，节奏缓慢，我的性情也是这样。我很感激能生活在这样的地方，我可以在广阔的大海里游泳，也可以在宽广的天空下漫步。

我做心理学家已有40年之久，有时候会面对一些处于巨大困境中的来访者。这项工作给我的主要收获是对他人的钦佩，因为我目睹了人们在克服各种创伤和痛苦之后，仍然心怀仁慈，永不言弃。

我的工作令我对世界上的愚蠢感到愤怒，因为那是大多数邪恶的根源。但是我也学会了坚守源自世间的喜悦和美好，以继续战斗。在我的职业生涯和个人生活中，我了解到创伤可以摧毁我们，可以让我们摧毁他人，但也会使我们打开自己，"在地狱中敞开心扉"，从而变得更加充满爱心和活力。那些经历过很多事情的人通常看到了真相，并且不惮说出真相。

还有一些你们应该知道的事情。几十年前，我在吃午饭时和一位精神科医生朋友聊天。谈话时，他问了我一系列问题，然后他的脸上出现了担忧的表情。"你知道吗？"他说，"你有阿斯佩格综合征。"这句话让我一下子打开了记忆之门。

20世纪50年代，我的童年时代是在多风的约克郡海岸度过的。没人知道我的情况，我以为自己只是很害羞。作为一个5岁的小男孩，在开学的第一天，我认为教育不适合我，所以我走出校门回家了。当我走进家门时，母亲脸上的表情复杂难言。

天真的童年时代并不那么复杂——玩耍、大喊、到处奔跑，我那时就热爱着我的生活。但是，在青少年时期，社交技能变得更为重要，而我就是无法与人相处。我可以看到每个人都在做这种叫作"对话"的事情,而且看起来很有趣。在这个年龄段,在校女生就像女神一样,她们的一个微笑可以照亮我的生活。但是,当我尝试与她们建立联系时,却总是不得要领,而且我也看不懂她们释放的信号。

可能对我来说,生活很糟糕,就像许多年轻人的生活一样,但有两点比较幸运:我有一对温和而充满爱心的父母;还遇到了出色的老师、青年社工,他们能看到我本性的善良,并竭尽全力接纳我。当我几乎无家可归时,是他们为我找到了住的地方,后来又帮我找到了一份工作——令人难以置信的是,我可以和同样陷入困境的孩子们一起工作!受此启发,我重拾了自己的学业,成了一名心理学家。亲爱的读者,如果你是一位老师或社工,正在关照着那些不能融入群体的年轻人,那么你就是我的同路人。

如果你无法与他人维系关系,那么心理学是一个很好的职业方向。随着时间的流逝,我终于了解到了大多数人似乎本能地知道的事情:对话是遵循一定规则的——像乒乓球或网球一样来回往返。你先说些什么,然后等待其他人给自己一个回应。我之前居然不知道这一点!(阿斯佩格综合征患者通常会察觉出对话中正在出现隔阂,他们对此感到恐惧,会一直不停地说,来将对话的空隙填满。)还有一种叫作微表情的东西——它们会表露在人们的脸上，并向你释放信息，让你得知对方的状态，并提示你该如何回应。（孤独症患者也有这种烦恼。）

我知道我必须学习——并且要快速学习，因为在我的候诊室里，每天都有非常痛苦的家庭在等待，还有前路渺茫的孩子在等待。我去寻找心理治疗界最优秀的人。当我的朋友们购置房子和汽车时，我却走遍世界各地，坐在心理学大师的身边虔诚地求知。

寻找成为完整的人所缺失的碎片的过程，似乎释放了某个部分的自我。请不要以为我在胡扯，今天我可以站在会场里，面对成百上千的观众，和他们分享我的心得，实际上这已经成了我的主要工作。我写的六本书都很畅销，人们很喜欢读。我已经从一个孤独的局外人变成了一个有能力的人（尽管只是在我生命的某些部分，其他部分仍然很艰难）。

我坚信，人们不必等到真正痛苦时再去学习，完全可以在婚姻破裂或孩子离家出走之前就学习与家庭相关的知识。

写作和演讲带我来到了许多国家，也让我遇到了许多其他文化背景的人——从过着田园生活的村民到都市里的亿万富翁，从惨烈的悲剧人物到卓越的成功者。我感兴趣的主题可能与每个人都有关。我完全称不上专家，只是喜欢倾听和学习，这样就可以与他人建立真正的连接。我甚至经常遇到和我聊到泪流满面的出租车司机!

时至今日,我的生命有了一种新的自由,尽管它被虚弱和死亡的阴影掩盖,但仍然令人神清气爽。去年夏天,我在河水泛滥的河湾里划皮艇,看到面前有一棵倒下的树挡住了前方的路。我疯狂地划桨企图避开,但是水流太湍急,我的皮划艇还是撞到了树上。数秒之内,皮划艇就被吸到了水下,我好不容易才脱身。事情发生得太快了,我连害怕都来不及。直到我浑身湿透,试图穿过浓密的灌木丛走到大路上时,我才开始害怕。我知道自己需要冷静思考。我让身体尽情颤抖,以释放刚刚几近溺亡的紧张。从那天开始,我的生活中出现了一个前所未有的焦点。

这本书是我的一次尝试,我想给我热爱的人类同伴一条救生绳,希望我的工作能给这个世界带来一点小小的改变。

史蒂夫·比达尔夫

注释、资料来源和参考文献：给心理学从业者和爱好者

2008年时，霍奇金森（Hodgkinson）、兰根-福克斯（Langan-Fox）和萨德勒-史密斯（Sadler-Smith）在《直觉：行为科学中的基本桥梁》（Intuition: A fundamental bridging construct in the behavioural sciences）中对超感知科学进行了精密的研究。埃文斯（Evans）和斯坦诺维奇（Stanovich）在《高等认知双重理论：推演辩论》（*Dual Theories of Higher Cognition: Advancing the Debate*）中提供了进一步的文献证据（2013）。

近些年的文章进一步加深了我们对"并行处理"（parallel processing）工作原理的理解。谢伊（Shea）和弗里斯（Frith）（2016）使用了术语"0型认知"（type 0 cognition）并称其"以在无意识表征上运行的自动计算过程为特征"。这是将其称为

超感知的一个绝佳理由！还有一些令人兴奋的作品，例如布罗斯南（Brosnan）、莱顿（Lewton）和阿什温（Ashwin）研究孤独症谱系障碍的并行处理的文章。

对神经科学，尤其是对神经科学与儿童发展和依恋理论的交叉研究感兴趣的心理治疗师，可以从传奇的艾伦·肖尔（Allan Schore）入手。肖尔的书《影响调节和自我的起源：情绪发展的神经生物学》(*Affect Regulation and the Origin of the Self: The Neurobiology of Emotional Development*)（1994）至今仍然是非常惊人的作品。该书告诉我们如何在功能和结构上将父母养育和思想成长结合在一起，是一部非常翔实的作品，自始至终都涵盖了直觉，也包括对我们如何与直觉失去联系的出色总结（第281页）。"母婴调节系统中相互作用的缺陷会导致孩子无法与自己'合拍'。这种生长抑制环境使个体具有高度抑制、压抑和无意识的情感。"（这些经历可能会干扰前额叶自主控制的发展，而前额叶自主神经控制是体验出自本能的、内感的"直觉"以应对真实和想象的威胁所必需的。）我们第一章中提到的年轻的母亲和全科医师安蒂可能要感谢她的父母，为她培养了反应灵敏的内部信号以及对此做出反应的能力，所以她还活着。

后来，肖尔写了一系列更容易阅读的后续书

籍。2019年出版的《潜意识思维的发展》(*The Development of the Unconscious Mind*)是这方面最新、论述最具体的书籍。

尤金·简德林来自一个完全不同的领域，他的畅销书《聚焦心理》(1982)以存在和学习的全新层面为开端，深入我们的情绪"底层"。简德林是一位哲学教授，也是一位心理治疗师，对他来说，身心问题从未存在过，他始终身心合一。安·韦泽·康奈尔（Ann Weiser Cornell）的手册《聚焦的力量》(*The Power of Focusing*)(1996)是一本令人愉快的练习册，适用于自我治疗或希望大大深化自己工作的心理治疗师。

没有什么比亲自感受一下这位大师更好的了，你在谷歌上能轻松找到简德林的演讲，甚至他的一两个亲身演示视频。这些都是无价之宝，我们可以看到一个人是如何按照自己所倡导的想法生活的。

简德林的当代继任者对治疗师们来说更为熟悉，他提出的躯体化概念与简德林所说的感知不同，但方向相同。贝塞尔·范德考克（Bessel Van Der Kolk）在其作品中，巧妙而娴熟地沿袭了简德林的概念，例如他2015年出版的著作《身体从未忘记》(*The Body Keeps the Score*)。你可以轻松地在网上找到范德考克提供的出色的培训教程。不过，对我来说，简德林仍然是最丰富的资源,因为作为一名学者型哲学家,他深入地探讨了人类究竟是什么,尤其是我们并不像我们所体验到的那样与所有生命分离。这成为我关于灵性的章节的基础,也隐含在探讨佛教、基督教神秘主义以及许多其他传统信仰的内容之中。

我在西方团体和家庭治疗研究所的老师罗伯特·古尔丁和玛丽·古尔丁在《通过重新决策疗法改变生活》(*Changing Lives Through Redecision Therapy*)(1997)一书中详细描述了我们文化中因童年创伤甚至正常童年而产生的禁令。重新决策是格式塔疗法成熟而理性的产物,它既没有失去即时性和活力,也没有失去神经方面重新连接创伤性童年学习的能力。本书正文中的禁令清单还不完整,有一些更严重的情况已经超出了自助能够解决的范围,但我依然鼓励治疗师们阅读一下古尔丁夫妇书籍中的完整列表,那本书是专为从业者而写的。

像罗伯特·布莱和詹姆斯·希尔曼(James Hillman)这样形形色色的作家,像卡尔·荣格(Carl Jung)这样年代久远的学者,以及像克拉利萨·品卡罗·埃斯蒂斯这样充满活力的作家,都在哀叹现代人的内在性——我们自己内在过程中的智慧和自我认知在日益减少。阅读这些,我们会清楚地发现,自己的内心不仅有一个小孩,而且还有一只美洲虎或棕熊

（或仓鼠！），他们随着对环境高度敏锐的感知而颤抖，多次整合和认知我们的意识和思维可以做到的事情。而这只是第一层。缺乏内在性，对人的正常运作来说是灾难性的——我们会变成机器人，充满危机感和不安的混乱感。

然而，尽管如此，当我们看见智慧与真实时，我们依然能够认出它们，而且恢复生机也没有那么困难。

对丧亲之痛后死亡率的研究很广泛，目前在预防措施这一研究领域比较活跃的研究是金（King）、洛德威克（Lodwick）、琼斯（Jones）、惠特克（Whitaker）和彼得森（Petersen）在2017年的研究。以下是他们研究结论中比较重要的几句话："最近，队列研究似乎表明，抑郁使丧亲之痛与随后的死亡之间有关联，对于男性尤其如此。在丧亲之痛的最初几个月进行悲伤劝导，再加上为那些有深层悲伤的人提供更具体的谈话疗法，可能会在降低这种风险上发挥最大的作用。"

艾伦·沃茨在《不安全的智慧》(*The Wisdom of Insecurity*)（1951）中精彩地论证了活在当下这一理念。对我们来说相当离奇的是，他将20世纪40年代后期称为焦虑的时代。天知道他会怎么想如今的21世纪20年代。一行禅师的《生活的艺术》(*The Art of*

Living）是我最喜欢的书，这本书是基于忘记自我的激进主义变革思想。在此，我引用其中一句话："快乐与平和是由挣扎和痛苦转化而来的。"这当然与我们的文化所信奉的完全相反。情绪的动态本质——我们如何在情绪的流动中找到快乐以及如何在情绪的疗愈中找到目的——是来自佛陀的信息。耶稣（他在其所处的年代是一个非常激进的人物）传达的信息是，我们在此生彼此相依，而且在玛丽·鲁滨逊（Mary Robinson）自传的名字中能够清晰地看到——《每个人都很重要》（*Everybody Matters*）。